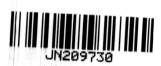

山田堰を左岸から見る。段差が出来ている。（本文 P27）

渡良瀬遊水地（本文 P32）

黒部川の宇奈月《うなづき》ダム。富栄養化で乳白色をしている。（本文 P44）

コナラの芽生え。右上がクヌギ（本文 P68）

キノコ（本文 P69）

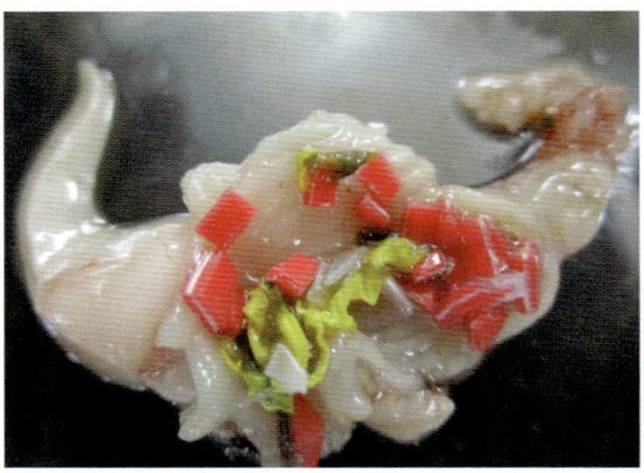

実験したヤマメの胃の中に詰まっていたプラスチック（本文 P78）

助けを借りて林業体験（本文 P86）

堤防の右側が現在の高津川（前方が下流）。かつては左側にある耕地の真ん中辺りを流れていた。（本文 P95）

コウノトリの郷公園のコウノトリ
（本文 P109）

稲の苗箱の中にはタニシ、カゲロウ、トビケラなどの他ドンコ、ヨシノボリもいた。（本文 P121）

川に生えるヒメバイカモ。
洪水によるかく乱のため
毎年生えるところが違う。
（本文 P122）

アイガモ農法（本文 P133）

海水魚水槽。右と下に濾過槽があり、左下のポンプでくみ上げる。チョウチョウウオなどを飼育した。海藻に見えるのはプラスチック。（本文 P150）

採集生物の分類作業（本文 P154）

小さなヒラメ（本文 P154）

貝から出したホンヤドカリ（本文 P155）

森・里・海の環境教育

滝口素行
Takiguchi Motoyuki

風詠社

まえがき

森里海の環境教育について考えてみようと思ったのは、『森里海連環学への道』（旬報社）を読んだことがきっかけである。私の住む島根県西部を流れる高津川は約80㎞で日本では中くらいの川。森から海へは車で1時間しかかからない。上流域と下流域とをつなげ、流域全体で考える森里海連環学を応用して環境教育をつくってみるには最適なところではないかと思った。

当時、非常勤講師をしていたが、森里海の環境教育についてあれこれ思案していたところ、たまたま地元の吉賀高校で学校設定科目「環境基礎」をおこなっており、当校長からこの科目をやってみないかという話があった。本来なら当校の教員がやるべきだろうと思ったが、環境関連ならいいか、と軽い気持ちで引き受けることにした。こうして「森里海の環境教育」の実践が始まった。残念ながら自己都合で2年しか実践できなかったが、単に授業をおこなうだけでなく、研究としても取り組んでみた。

当地域は過疎地域なので人口減少、地域経済衰退などの問題もある。このような地域固有の問題に無関心のまま環境教育をおこなったのでは、“自然栄えて村滅ぶ”となってしまうので、産業の問題も取り入れないといけない。というわけで、林家、農家、漁師など産業に関わる人の話も組み込んで自然と産業のどちらも取り扱うものを編成した。授業のうちの1回は京都大学フィールド科学教育研究センター長（当時）の吉岡崇仁氏をお招きし、公開講座として町民の参加も募り、近くの中学生も招いて「森里海連環学」について講義していただいた。森里海連環学は京都大学フィールド科学教育研究センターで田中克氏、竹内典之氏によって始められたもので、これまでに多くの研究成果がある。本書は、それを学校教育に応用しようとしたものである。果たしてその趣旨を反映できたかどうか自信はないが、とにかくやってみた。

本教育実践に当たり高津川流域の多くの方にお世話になった。外部講師として授業に協力していただいたのは、Iターン体験の話をしていただいた田中海太郎氏、増成明子氏、大森智彦・由紀夫妻、川編では島根県益田県土整備事務所津和野土木事業所・藤井浩氏、高津川倶楽部・田中誠二氏、吉中力氏、森編では川本隆光氏、島根県西部農林振興センター・金澤紀幸氏（当時）、竹田尚則氏、竹内知江子氏、山根照由氏、里編では向井勇・光雄氏、河野通昭氏、三浦成人氏、海編ではNPO法人アンダンテ21の方々である。

その他、小水力発電施設の見学と案内を吉賀町柿木地域振興室にしていただき、かきのき温泉「はとの湯荘」、むいかいち温泉「ゆ・ら・ら」ではバイオマス利用の説明をしていただいた。島根大学・小池浩一郎教授にはバイオマス利用の話、中電松江営業所の豊島武司氏にはエネルギーの話をしていただいた。本題からやや横道にそれるが、しまね環境アドバイザーの上潟口琴代氏には生ゴミ処理、島根県産業廃棄物協会・馬庭章氏には産業廃棄物の話をしていただいた。福原圧史氏、花崎訓恵氏には町内の様々な情報全般について有益なアドバイスをいただいた。最後に、魅力化コーディネーターの坂田紀之君は、はじめから終わりまで労をいとわず手伝ってくれた。実は中学時代の同級生なのだ。遠慮もせずに色々なことを頼んでしまった。

ご協力いただいた皆さまに心よりお礼申し上げます。

目　次

1章　森里海の環境教育

1節　環境教育の方法

はじめに環境教育の学習方法について簡単に整理しておく。学校教育では環境学習の内容が現代社会、国語、理科、家庭科など各教科の中に部分的に取り入れられており、その意味で総合的・広域的な学習と言える。しかし、これを単体で科目として取り扱うとなると、従来の座学による方法では難しいことが色々ある。地域に出て問題の起こっている現場に行き、研究して解決策を提案する、などという学習活動は環境学習にとって一つの方法だが、従来の「教える－学ぶ」という学習方法では限界がある。

そこで、1990年代から登場してきた構成主義的方法に注目してみよう。構成主義側の説明では、まず、これまで学校教育においては行動主義的方法が支配的であったとする。生徒は何も知らない「空白の白板」状態であるので、教師は知識を持った権威者として知識を一方的に注ぎ込む仕事をすればよいと考えられてきた。ちょっと単純化しすぎの感じもするが、構成主義の側からはこう見えるのだ。一方、当の構成主義的方法では、教師の役割が支援者・助言者となり、生徒主体の学習が強調される。問題解決学習、発見学習など、従来もおこなわれていた学習方法はこの文脈に位置付けられるだろう。

さらに進んで社会構成主義的方法になると、教師はもはや生徒と同じ立場の参加者・探求者ということになり、生徒は学習者などではなく新たな知識の生産者と見なされる。ここでは学習目的を設定することさえもイデオロギーの象徴とみなされ、批判されることになる。「目標」を定めること自体が教師－生徒という支配－被支配関係を前提としたものだ、ということなのだろう。現場から見るとややついて行けないところもあるが、部分的には賛成できる（図1-1）。

構成主義や社会構成主義はヴィゴツキーやピアジェなどを含めた教育史の流れの中で説明しているものもあれば、構造主義、社会理論、文化理論の文脈で説明しているものもありややこしい。基本的な考えを2つだけ挙げると

学習理論	行動主義	構成主義	社会構成主義
目的	外部から課せられた自明のもの	外部から課せられるが変更も可	イデオロギーの象徴と見なされ批判されるもの
教師の役割	知識を持った権威者	支援者であり助言者	協働の参加者・探求者
生徒の役割	知識の一方的受け手	体験を通じての積極的な学習者	新しい知識の生産者

図 1-1　学習理論（Fien〈1993〉、Palmer〈1998〉、原子〈1998〉）
（『現場から考える環境教育』〈創風社〉より）

①客観的真実や事実は知る方法がない、②知識、法則、事実などは価値観や伝統などに影響されて社会的に構成される。

構成主義的方法は『小学校学習指導要領解説 理科編』（大日本図書）にも、はっきりと記述が見られる。「科学とは、人間が長い時間をかけて構築してきたものであり、……」「客観性とは実証性や再現性という条件を満足することにより、多くの人々によって承認され、公認されるという条件である」。要するに、実験観察によって客観的事実が発見されたのではなく、みんなが合意したから真実に格上げされたということだ。このことを「社会的に構成される」という。

社会構成主義は社会・文化・歴史などの面では大きな役割を果たしているようだ。例えば、「女性は無力で感情的」「アジア人は従順」などは社会的に構成され、人々が思い込んでいることで、当たり前でも何でもない、などジェンダー、マイノリティーの解放を目指す理論として役立っている。一方、歴史分野では「ホロコースト、南京事件は社会的に構成されたものでそんなものはなかった」、など歴史を修正したい人にも利用されている。包丁が料理にも殺人にも使えるように、社会構成主義も諸刃の剣なのだろう。

さて、これが自然科学、そして上の指導要領解説に見るように、理科教育に適応されるとどういうことになるだろうか。

自然科学分野では、認識をめぐって科学的実在論と社会構成主義の熱い論争がある。サイエンスウォーという。科学的実在論の立場から言うと、物理の法則や化学の法則は何度も実験・観察を積み重ねて発見されたもので、自分を離れて客観的に存在する、と考える。誰かが話し合って決めたものではないのだ。

このことは当たり前のように見えるが、厳密に「100％ある」と言うのは意外と難しい。なぜなら、たとえ１万回実験して同じ結果になったとしても、次の１万１回目に違う結果になるかもしれないだろう、と言われるとそのことを完全には否定できないからだ。かといって無限に実験することは無理なことだ。よって、ある法則を100％証明する方法はないと言われても仕方ないのだ。第一、客観的真実は、それを知っている者がその真実と発見されたものを比較することによってしか知ることはできないのだから、原理的に真実など知り得ないことになるだろう、と言われればそうかもしれないと思ってしまう。科学的実在論としては、科学法則を社会に応用しても異常や矛盾が起こらないのだから正しいと言っていいのではないか、というやや心もとない反論になるようだ。

また、法則は厳密に統制された実験・観察によって、「これしかない」というやり方で発見されたとする科学的実在論に対し、社会構成主義は「発見のルートは一つではない」という。中立であるように見える科学もその時代、社会の価値観や歴史などと独立であることはできず、これらにより構成されるのだ、と。

するとこう言いたくなる。社会構成主義者が重力の法則を認めないなら、10階から飛び降りてみてはどうか。でも、そんなことをしたら社会構成主義者はいなくなってしまうだろうから、実際には重力をはじめ科学の法則を日常生活では信じてはいるのだ。信じるけれども、厳密な思想や思考の基盤としてこれを認めることはできない。「完全に」「純粋に」「すべて」のレベルで考えるので論争になるのだろう。

ハッキングは『何が社会的に構成されるのか』（岩波書店）の中で、科学活動のプロセス（発見経過）とプロダクト（事実）を区別しなければ混乱すると述べている。つまりこうだ。社会構成主義が問題とするのはプロセスのほうで、プロダクトである「〜の法則」を信じないと言っているわけではないと言うのだ。ガーゲンも『あなたへの社会構成主義』（ナカニシヤ出版）

の中で、社会構成主義が誤解されていると言っている。「公害や貧困が現実ではないと言いたいのか」という反論を受け、社会構成主義者はこのような問題があるかないかを問題にしているのではなくて、話し始めた瞬間にある価値観のとりこになってしまい、それに影響されると言っているのだという。こちらもプロセスを問題にしていると言えるだろう。この両者の説明で科学的実在論と社会構成主義の折り合いをつけられるかもしれないが、私自身はまだすっきりしない。

ガブリエルの『なぜ世界は存在しないのか』(講談社)では、私たちはそれ自体として存在している世界を認識しているのだとはっきり述べている。見えている現象や法則や事実が本当にあるかどうかわからないなら、それを認識している脳もあるかどうかわからないことになるではないか、ということだ。自然の認識論としては、他にも反実在論などがあって、まだ決着していないのだと考えることにしておこう。

さて、問題は理科教育だ。理科教育では運動の法則、遺伝の法則などは信じてもよい正しい客観的事実として教えてきた。この小学生や中学生、高校生に「法則や事実は100%正しい真実とは言えない、社会的に構成されたものだ」などという話が通じるだろうか。社会構成主義だと発見ルートは複数あるので、自分たちで発見を構成してもよいことになる。細胞観察の実験をしたとしよう。生徒が、「私は核を発見できなかったので、細胞に核はない」という事実を構成したらどうなるだろう。新しい知識の生産者と言えるかもしれないが、これではマズいのではないか。

BS1で夕方4時からやっている米国のPBS(公共放送)ニュースを見ていたら、次のようなやりとりが放送されていた。地球平面協会(The Flat Earth Society)の支持者にインタビューをしていたニュース内容なのだが、この地球平面協会というのは地球が球でなく平面になっていると主張している団体である。

インタビュアー「1+1は?」　平面協会支持者「2」
インタビュアー「空の色は?」　平面協会支持者「青」
インタビュアー「地球の形は?」　平面協会支持者「平面」

科学不信はアメリカの高校で進化論を教えて訴えられ有罪になった「ス

コープス裁判」など昔からあるが、今日でもタバコの害はない、ワクチン接種は危険、地球は平面、温暖化など起こっていない、などばかげたものが多い。温暖化については、98％の気候学者が人が原因の温暖化が起こっていると言っているのに（正確にはこうである。気候学者に「温暖化は人類が主因か」という質問をしたところ、64.6％が「お答えできません」と答えた。残り35.4％のうち、「その通り」が34.8％、「違う」が0.7％、「確かにそうとは言えない」が0.2％だった。よって35.4％のうち34.8％、すなわち98％が人類主因の温暖化が起こっていると認めた）。

社会構成主義は社会、人文分野などでは有効だが、自然科学に適応すると実害が発生するように思う。米国ではワクチン不信から、はしかのワクチン接種を拒み、結果として子どものはしか感染が拡大している。ネットやコミュニティでワクチン不信が広がったというのだが、社会構成主義が手を貸しているとは言えないだろうか。

科学の歴史を見ると、エーテル説、熱素説など法則・事実だと思われていたことがひっくりかえることはある。しかし、それは真実が存在しないことを示しているのではなく、知識がより豊かになったことを示しているのだから何ら心配なことではない。宇宙にはわからないことがある。それも真実が存在しないことを示しているわけではない。私たちは、広い意味での実在論の土俵上で話をしているのであり、理科教育で取り扱っても何の問題もない。ところが、社会構成主義という全く違う土俵で教育を進めたとき、ワクチン不信からはしかが広がったような実害が生じてくる可能性があるのではないだろうか。

私自身は社会構成主義を科学や理科教育に適応することには反対だが、環境問題に取り組む学びのプロセスとしては有効な方法だと思う。

２節　アクティブラーニング、ESD、SDGsについて

アクティブラーニングが今や必須となってきた。能動学習と訳されるが、受動学習に対立する学習の意味なので、机に座って話を聞くのでなければみんなアクティブラーニングである。2004年に発行された『現代教育方法事

典』（図書文化社）にはまだ載っていないので、新しい方法なのか？ そうでもない。

これまでにもいくつもの能動学習が提案された。『現代教育方法事典』から引っ張り出してみると、発見学習は昭和30～40年代に広岡亮蔵氏によって「生徒が再発見の過程を体験することで、生きた学力の形成を保障できる」という方法として提案された。プログラム学習はスキナーによって、内容の提示→生徒の反応→応答に対する情報提供の流れを学習者のペースで進めるというティーチングマシンの方法が提案された。範例学習はドイツで提案されたが、内容は「子どもたちが自分の身近で代表的な例を手がかりに、追求対象の世界と追求する自己の世界を解明する」ものだった。水道方式の授業は「数の四則計算の指導に関する教育内容・教育方法で、……①教え主義に反対」していた。仮説実験授業は板倉聖宣氏により、「問題提示、その予想と理由等を繰り返す過程を経て、予想と仮説にまで高めることを目指した科学教育に関する授業方式」として提案された。

その他、問題解決学習、ディスカッション、調べ学習など色々ある。ただ、これらを一言でまとめる言葉がなかった。いちいち○○学習や△△学習が……と言わなければならなかったのだ。私自身は、アクティブラーニングという言葉をこれら多くの方法をまとめ、一言で表現するものとして理解している。

もともと大学から始まったものだが、背景として大学の大衆化が進み、学生が講義に興味を示さなくなったことがあるという。「教える」から「主体的に学ばせよう」に転換しなければ大学の授業が成り立たなくなってきた。環境学習における構成主義的方法とアクティブラーニングはその由来は異なるものの、同じ方向を向いているように思える。

1990年代にはESD（持続的な発展に関する教育）も登場した。「環境教育を環境と持続可能性のための教育と言ってもかまわない」とされたことからこちらのほうにシフトしていったようだ。ところが、ESDには環境教育のほか福祉教育、人権教育、貧困教育、平和教育など多くの教育が含まれるため核がよく見えず、実践者にとってはぼんやりとした全体のイメージしか描けない。私自身、ESDが何を教育目標としているかを調べたことがあるが、多様で混乱していた。日本では2004年から10年計画で始まり（「我が国における『国連持続可能な開発のための教育の10年』実施計画」）、岡山県など各県での取り組みがあった。いくつかの書籍も出たが、現場や社会で内容が十分理解されないまま次のSDGs（持続可能な開発目標）主体の教育に移ろうとしているように思う。ESDについて文科省の報告書（「学校における持続可能な発展のための教育（ESD）に関する研究［最終報告書］」）が出たのは、ESD10年計画がもうすぐ終わろうとしていた2012年のことである。

3節　全体の構成

2章から5章までは、「教師も探求者」という立場で、森里海に関する内容のうち、課題・テーマ性のあるものを詳しく調べ、拾い出していった。全般的な解説を目指しているのではなく、興味を引いた部分をまだら模様に調べたものなのでメモ書きといったほうが当たっている。

川、森、里、海すべてにおいて開発派と保護派の対立がある。5章で理由を書いたが、ワンサイドからのみ見る見方はできるだけ避けた。課題研究のためには、はじめから見方を絞らないほうがいい。

2章では森里海を貫く川を扱う。1節「治水と利水の歴史」で人と川の関わりを、2節「川環境保護の歴史」では環境の視点で歴史を見る。3節「開発か、環境か」では開発推進の立場と環境重視の立場から見てみる。4節「川と森里海」では、川の基本的な特徴と、そこで生じている問題について簡単に説明する。

3章では森と林業を扱う。1節「森の歴史」では開発と保護の両面から、2節「森の植生」では森林の概要とキノコなどについて見ている。3節「森と動物」ではなじみの深い動物、渓流魚について扱う。4節「森の物質循環」では水とリン、窒素などを見てみる。5節「林業」では新規参入の可能性や林業の現状を見てみる。

4章では里と農業を扱う。1節「里の歴史」は川の歴史と重なるが、できるだけ特徴を書いてみた。2節「里の植生」では湿地、耕作放棄地などに焦点を当てた。3節「里の動物」では鳥類、両生類などを、4節「川の生物」

では川魚、水生昆虫などを取り上げた。5節「里の物質循環」では農薬に注目した。6節「農業」では新規参入や農業を取り巻く状況について見てみた。

5章では海と漁業を扱う。1節「沿岸の歴史」では沿岸の開発と漁業の歴史、2節「海の植物」では海藻に注目した。3節「海の動物」では海岸のヤドカリ、イルカ問題を取り上げた。4節「海と物質循環」では貝類の利用する有機物の起源、ビーチコーミングなどを取り上げた。5節「漁業」では新規参入や漁業の抱える現状について見てみたが、漁業の現状はかなり厳しいようだ。

6章は授業実践である。1年目はテキストなしだったので仮のテキストを作成し、2年目のはじめに1年目の実践を踏まえた上でテキストを作成した。

2章　川と人

1997年の河川法改正によって、「治水・利水」を中心にした河川行政に「環境」が加わった。これからは、河川工事も生物環境への影響を考えながらおこなわれることになる。近自然工法（または多自然型工法）や魚道の設置など、生物生態に配慮した工事もおこなわれるようになってきて、工事か環境かで対立することもなくなったのかと思ったら、そうでもなさそうだ。資料を読み進めるうち、また授業をおこなってみて感じることは、両者の立場の間にはかなりの違いがあるということだ。

治水・利水には有史以来の歴史がある。環境保護は数十年の歴史だ。人は田んぼの水をめぐって争い、洪水で命を失い、川舟で物を運んできた。最近では台風などによる洪水や高潮の被害が大きくなったと報道されている。治水・利水の歴史は人々の心に深く染み込んでいるので、川の環境を守るために工事を中止しようなどと言ったら、すぐさま「水害が出たらどうするのか」とか「死人が出たら」などと反論が返ってくるだろう。ここで思考がストップしてしまう。環境保護が大事だ、という探求・思考がストップしないためには、まず治水・利水と環境の考え方ははっきり違うものであり両者にはそれぞれの言い分があることを知っておく必要がある。その上で、さてどうしたものかと考えるのがいいだろう。

ここでは、まず治水・利水の歴史と環境の歴史を簡単に振り返った後、2つの立場、つまり開発の立場と環境保護の立場を示す。繰り返すが、私は専門家ではないので解説書のつもりはない。歴史といっても網羅しているわけでもない。最後に、生徒の課題・テーマになりそうなことをいくつか取り上げておく。

1節　治水と利水の歴史

(1) 縄文時代

川の治水と利水が始まったのは、稲作をするようになってからと考えてよいだろう。はじめは、谷筋から流れ出す水を使って猫の額ほどの田んぼで稲作がおこなわれたようだ。佐賀県の菜畑《なばたけ》遺跡には今から約3000年前の縄文時代、日本で最初におこなわれた水田稲作の遺跡がある（写真2-1）。水路を掘り、壁が壊れないように丸太の杭をきっちりと並べて打ち込んである。おそらく日本最初の堤防工事だ。この時代は狩猟採集のほか、ブタを飼ったり栗を栽培したりと畜産・果樹などもあったようなので、水田は食料の一部をまかなうものだった。

写真2-1　菜畑遺跡（佐賀県唐津市）

(2) 古代

古代になると本格的な土木工事がおこなわれるようになった。『日本書紀』にある仁徳天皇の茨田堤《まむたのつつみ》が、日本で最初の大規模土木工事だという。繰り返される水害を前にして、当時の支配層から農民までみんな頭を痛めていたのだ。技術水準が低かったのでせっかくつくっても洪水で壊され、修復するがまた壊され、を繰り返していたようだ。こんなとき、工事が川の生物にどんな影響があるかなど考えたりする余裕はなかったであろう。

(3) 戦国時代

戦国時代になると、地方の武将が土木工事をおこなうようになった。河川については、築城技術を応用して堰《せき》や護岸工事をした。

武田信玄の治水工事は当時としては壮大なもので、今日の河川工学から見ても合理的に出来ていた。信玄はこの技術を、紀元前250年、中国の戦国時代に造られた四川省の都江堰《とこうえん》という堰堤《えんてい》の治水技術に学んだらしい。甲府盆地では西側の山から御勅使川《みだいがわ》、北西から釜無川《かまなしがわ》が甲府盆地の扇状地に流れ込んでいるが、洪水の際には大変な被害を出していた。しかも、盆地から南へ出る川の出口が狭く、被害を大きくしていた。

治水のしくみは御勅使川からどっと流れ下る水を岩の壁に衝突させて力を弱めたり、信玄堤《しんげんつつみ》と呼ばれる肋骨のような形をした堤防の内側を流れるが、増水した水の一部は肋骨の隙間から逆流して耕地内に流れ込み、このことで下流を洪水から救うようになっていた。これを霞堤《かすみてい》と呼んでいる。近世までは洪水を完全に抑えることは技術的に難しく、その意味で防災ではなく減災だった。今日でもヒントになるものがある。

写真 2-2　形が牛に似ている聖牛（国土交通省中国地方整備局浜田河川国道事務所ホームページより）

写真 2-3　牛

洪水の力を弱めるために木で組んだやぐらのようなものを川に設置した。この形がウシに似ているので聖牛《ひじりうし》と呼んでいる。ここ高津川にもあり風景の一部になっている（実は草ぼうぼうでよく見えないが）。堤防は踏み固める必要があった。信玄はこのために毎年人を集めて、堤坊の上で祭りをおこなったという。

領主の側からすると、治水工事をおこない田畑、領民を守ることは経済と軍事力の安定にとって必要なことだった。領民に信頼されることも必要だったのだ。領民からすると工事に駆り出されるので負担にはなったが、いったん出来てしまえば命と田畑が守られるわけだから喜んだであろう。

(4) 僧侶の利他行《りたぎょう》

領主の治水工事・利水工事の場合は領民の意思が働くとは限らないが、僧侶による場合は間違いなく人々の強い要求・願望に答えて工事がおこなわれた。行基は奈良時代に活躍した僧侶で、30 年の間、大阪・京都あたりで橋、道、池、水路、宿泊所、寺院など多くの社会事業をおこない、人々に慕われた。僧侶は社会に出て勝手な活動をしてはいけないことになっていたので、朝廷からの弾圧もあった。

人々は律令制度の下で厳しい税の取り立てや都の建設に人夫として駆り出された。仕事の苦しさに、途中で逃げ出す者もいたり、家に帰る途中で餓死する者もあったという。「家のかまどに火はなく、米を炊く器にはクモの巣が張っている」というのが人々の生活だった。こんな悲惨な社会の現状を前に行基は大乗仏教の教えに従い、民衆を救うべく布教活動と社会事業を続けた。最後には朝廷も行基の活動を認めるようになり、行基は東大寺の建立を任されることになる。行基の河川工事は利他行《りたぎょう》だった。人々にとって池、河川の改修、堤防などの改修は大助かりであった。この時代も当然ながら生物への影響など考える時代ではなかった。

空海は日本一大きいため池、満濃池《まんのういけ》の改修工事をおこなったことで有名である。当時としては珍しいアーチ型のダムで、しかも取水するときは低温状態の湖底から取るのではなく、高温となっている上層から取るようになっていた。稲の生育に低温の水はまずいからだ。これも仏教の利他行である。因みに空海には各地に弘法伝説があるようだ。村を通りかかった乞食坊主の空海が「水をくれないか」と言う。水をあげると杖でトンと地面を叩き水が湧き出て村人は喜んだというものだ。空海が「イモを恵んでくれないか」と言ったときやらなかったので杖で地面をトンと叩いたところ、そこから水が抜けたのというのもあるらしい。

高津川の上流の吉賀町にはコウヤマキの自生地があるが、ここにも空海伝説がある。唐から帰ってきて九州、山口を通ってこの地を訪れた空海が松と一緒にコウヤマキを植えたことになっている。空海は「信心を忘れるな、忘れると水の災難に会うぞ」と言って去ったらしい。

有徳の僧ならうまくゆくのか。重源《ちょうげん》は源平間の戦いで東大寺が焼けた後、復興を託された。山口県の山林から木材を切り出し奈良へ送るのだが、伐採現場にも訪れ作業を指揮した。このとき、現地の人を集め「しっかりやらないと地獄に落ちるぞ！」と言って怖がらせ、無理やり寄付集めや労働をさせたということだ。

(5) 人口拡大と河川工事

戦国時代が終わり近世になると、河川工事など低湿地の大規模工事がおこなわれるようになる。ここで少し立ち止まって治水・利水工事が歴史的に拡大してゆく過程を考えてみよう。『環境の日本史１』（吉川弘文館）の「１．気候変動と歴史学」（中塚武）に数十年周期の気候変動と環境収容力、人口・生活水準の関係を示した概念図（図2-1）があるので、これをヒントにしてみる。

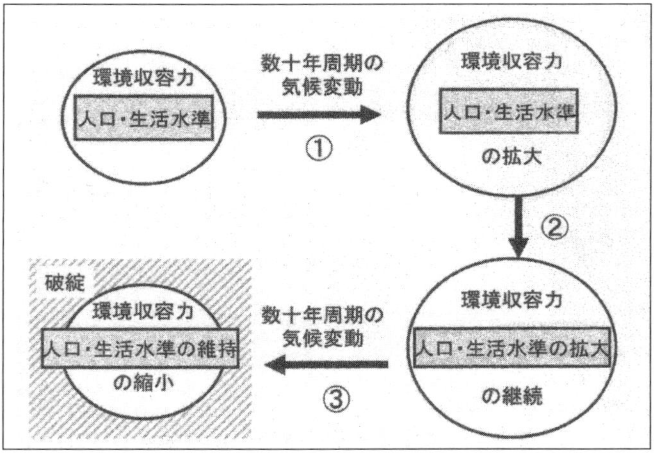

図2-1　数十年周期の気候変動に対する人間社会の脆弱性についての概念図（『環境の日本史1』〈吉川弘文館〉より）

中塚氏によると、人間は農業生産力などで規定される環境収容力の中で生きている。この環境収容力を超えることはできない。人間の活動は人口×生活水準で表される。数十年の間に気候が良くなり環境収容力が増すと（図2-1の①）、それにつれて人口増加または生活水準が上がり、環境収容力ぎりぎりまで拡大する（図2-1の②）。ここで再び数十年周期の気候変動が起こると（図2-1の③）、すっかり拡張してしまった人口や生活の水準はにわかに落とすことができず、飢餓、戦争によって強制的に縮小させられる。

「数十年周期の気候変動」で気候が良くなるところを「耕地・生活圏拡大」、気候が悪くなるところを「～年に１回の洪水・干魃」で置き換えて概念図（図2-2）を再構成してみた。同様のことが言えそうだ。

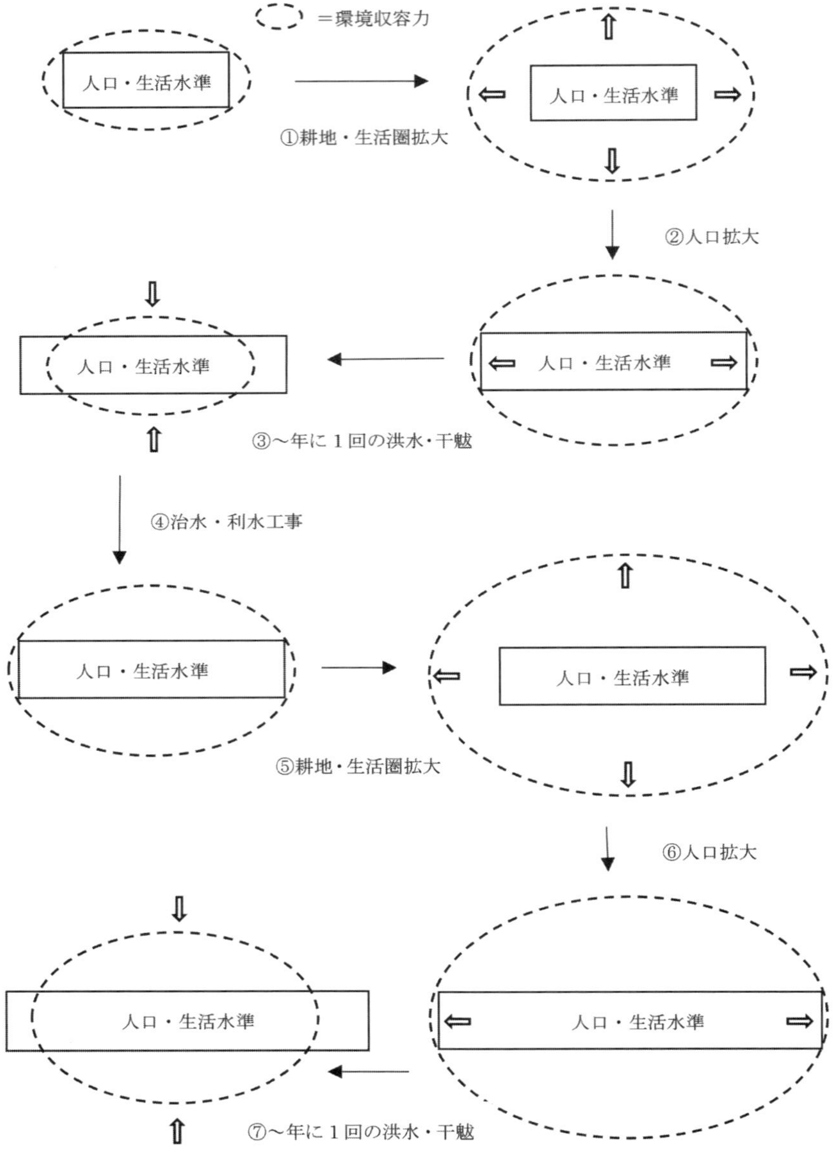

図 2-2　治水・利水工事と耕地・生活圏拡大、洪水・干魃の関係

まず、人間活動は人口・生活水準（人口×生活水準）は環境収容力に規定される。次に、

①耕地・生活圏拡大：低湿地や川の後背地などの危険地域の開拓が進み水田が増える。それに伴い居住地域も拡大する。

②人口拡大：食料生産が増加することで人口が増える。

③～年に1回の洪水・干魃：人口・生活水準が落ちないので、～年に1回（例えば10年に1回）の洪水や干魃で人口が減る。

④治水・利水工事：河川、池、溝などの工事がおこなわれ～年に1回の洪水・干魃に耐えるインフラが造られる。

⑤耕地・生活圏拡大：以前よりもさらに生活危険地域に水田が拡大してゆく。それに伴い居住地域も拡大する。

⑥人口拡大：食料生産が増えるので人口がさらに拡大する。

⑦～年に1回の洪水・干魃：前よりも大きな～年に1回（例えば30年に1回）の洪水や干魃で人口が減る。

この繰り返しで治水工事は“30年に1回の洪水に耐えるように”、“50年に1回の洪水に耐えるように”……と拡大してゆく。日本では大都市の河川で200年に1回の洪水に耐えるよう、農村部の小河川では10年に1回の洪水に耐えるよう計画されている。日本では最大で200年だが、オランダのライン川では1万年に1回の洪水に耐えるよう対策を取っているので、日本でも今後延びるかもしれない。④の河川工事は縄文時代、壊れた水路の補修から始まり、歴史時代を通して洪水から耕地や命を守り、水を利用する、いわば生きるための河川工事がおこなわれてきたわけだ。

(6) 江戸時代

江戸時代に見られる大規模工事の例として利根川の付け替え工事がある(図2-3)。利根川はかつて群馬県の上流部から関東平野を通って東京湾に注いでいた。江戸幕府の伊奈家4代にわたる事業によって、河口は東京湾から千葉県銚子市へと変更された。いわゆる利根川東遷事業である。江戸への洪水を防ぐとともに新田開発が理由と書いてあるものもあれば、水運のため、東北の伊達家に対する警戒のためなどと書いてあるものもあり、本当のとこ

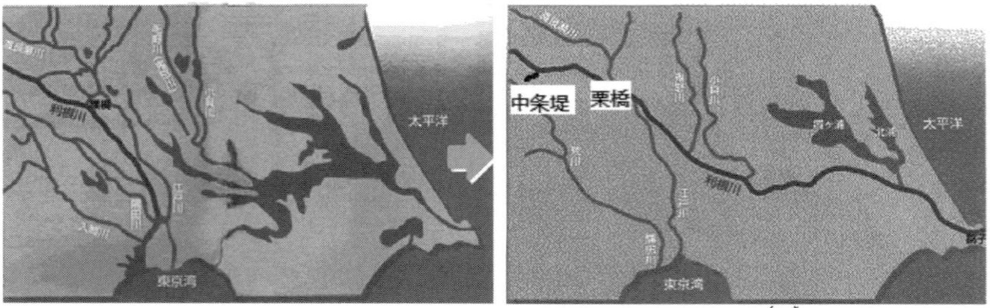

図 2-3　左は 1000 年前の利根川　右は東流後の利根川（栗橋は今の久喜《くき》市）
（国土交通省　関東地方整備局　利根川上流河川事務所ホームページより一部改変）

ろはよくわからないらしい。いずれにしても、江戸に開府した幕府が未開の地である関東平野の開発に乗り出した点では変わりない。図 2-2 に沿って耕地・生活圏の拡大、人口拡大、大工事という流れが見られる。

中条堤《ちゅうじょうてい》（図 2-3）は今の熊谷市に位置する。利根川治水の要となるところだ。利根川東流後は、下流域への洪水被害を減らすため大いに役立った。しくみはこうである。上流から流れてきた水を中条堤と利根川左岸（地図では利根川の北側）にある文禄堤《ぶんろくづつみ》で漏斗状に挟む。漏斗の先の部分は川幅を狭くしてある。これで水は中条堤の北側にある陸地に流れ込む。水を一時溜めることで下流は守られるというわけだ。納得できないのは水没する北側の集落だ。しかし当時は江戸時代。どうにもならなかった。明治になると状況が変わる。圧政のふたが取れて平等な発言ができるようになると、被害を受ける中条堤の川上側と被害のない川下側で激しい対立が生まれ、事件が発生する。治水では、どこかを守ればどこかが犠牲になる。この後の堤防工事で中条堤の川上側が水没することはなくなったが、今度は別の場所に遊水池が必要になり、渡良瀬遊水地（図 2-3 の栗橋とあるところ）、田中遊水池などが造られた。渡良瀬遊水地を造る際には谷中《やなか》村が犠牲になった。明治 37 年（1904 年）には 2,700 人いた村民は強制廃村により移住させられ、悲惨な生活を強いられたのだ。さらに上流部では洪水を制御するためにいくつものダムが造られた。

江戸時代は封建社会だから、理不尽なことは多かったに違いない。尾張藩初代藩主に家康の 9 男徳川義直が就いた。義直は木曽川の東側（左岸）沿いに御囲堤《おかこいつつみ》と呼ばれる長い堤防を築いた。西側でも堤防を造りたいところだが、堤防の高さは御囲堤よりも約1m低くしないといけないという不文律があったらしい。これで木曽川の東側は水害の危険性がなくなり領民は大いに喜んだ。西岸の美濃国では水害が起こるので、仕方なく集落だけをリング状に堤防で囲む輪中を造った。この地域で発達した有名な輪中には、こんな歴史があった。洪水の力が巨大で防御しきれないとき、政治力の差があれば弱いほうに押しつけられるのだ。

藩と藩の間だけではなく、農民の間でも集落の間でも水をめぐる争いは絶えなかったようだ。『百姓たちの水資源戦争』（草思社）に1592年頃の水をめぐる争いの話が出ている。摂津《せっつ》国の鳴尾《なるお》村と河原林《かわらばやし》村が起こした水不足に伴う争いでは、双方が弓や槍を持ち出しての大衝突になり多数の死傷者を出したという。『水害』（中公新書）にも水争いの例が出ている。琵琶湖東岸の滋賀県犬上川周辺は、水争いの激しい地方として有名だったという。水不足になると水の争奪戦が起き、近くに植えてある竹林から竹を切ってきて竹槍の戦いになった。特に、昭和18年（1943年）の戦いでは軍隊が出動して鎮圧に当たったということだ。新潟県信濃川支流である刈谷田川でも、長い争いの歴史がある。洪水が起こると、酒樽を持って堤防に集まった。何のための酒樽か。両方とも水防活動をしているのだが、対岸の堤防が先に切れたとき、一斉に万歳をして祝うため酒樽だったのだ。さらに手の込んだ場合もあった。洪水になりそうなとき、対岸に人を派遣し、こちらの堤防が危ないと見るや合図を送って対岸の堤防を破壊させたという。人々は生きるために、なりふり構わぬことをやっていたのだ。

領主はこのような事態を黙って見ていたのではない。水争いの際、暴力を行使したら死刑にするなど、厳しいお触れを出して混乱が拡大しないようにしたり、両者の言い分を聞いて調停をしたり、土木工事をしたりして原因を取り除こうとしたのだ。

(7) 足尾鉱毒事件

足尾鉱毒事件は治水にも影響を与えた。足尾銅山は江戸時代からあったが明治になって古河鉱業に払い下げられ、本格的な採掘がおこなわれた。精錬過程で排出される鉱毒ガスで山は荒廃し、土砂で渡良瀬川は天井川になり、銅を含む鉱毒水が下流に流れた。衆議院議員・田中正造が被害住民のために活躍したことはよく知られている。渡良瀬川は図 2-3 の栗橋と書いてあるところで利根川に合流し、下流へと流れてゆくのだが、鉱毒水は利根川から江戸川に入って東京に流れ込んでくる心配があった。江戸川の入口には江戸時代から洪水防止のため「棒だし」と呼ばれる川幅を狭める工事がおこなわれていたが、この工事がさらに強化された。同時に利根川の拡幅工事もおこなわれ、長い時間を要した東遷事業が終了した。鉱毒水は、東京湾ではなく銚子に押しつけたことになる。

以上のように、物事を放置すると人々は自分のことしか考えず、治水の被害を他に押しつけるという歴史から、上位の調整役が必ず必要だという考えが生まれる。それは国である。そして、国の指導の下に様々な対策をおこなっていけばよいと考えるのである。こうした考え方は、今日の河川行政の底流にもあるのではないか。

図 2-4　津和野藩による改修前後の高津川（国土交通省　中国地方整備局　高津川水系河川整備計画より一部改変）

(8) 高津川では

津和野藩では江戸時代に亀井政矩《まさのり》が入封して高津川の付け替え工事をおこなっている（図 2-4）。浜田藩側に流れ込んでいる本流を中島のところで直角に曲げ、藩の境界線に沿って日本海に流れを変えた（水刎《みずはね》工事）という。浜田藩は下流部分を津和野藩側に取られた格好になる。実は、津和野藩にとって浜田藩は親戚筋だったようだが、果たして浜田藩側の農民や漁民はこの工事をどう見ていたであろうか？『津和野町史』には「川の氾濫を抑えるため河口の流れを変えた」とあるだけで詳しいことはわからない。

(9) 明治時代

明治になると海外の専門家がやってくる一方、留学して専門知識を持ち帰るなどして高度な土木技術が可能になる。人口が増加し、政府に対する要求も高まる。

新潟県に大河津《おおこうづ》放水路と呼ばれる人工河川がある。この話には土木技術者の精神性や“土木道”とでも言うべきものを感じるのだ。実は2年前に新潟県の阿賀野川などを見てみようと旅行したのだが、この大事業のことを知らなかったので大河津放水路を見逃してしまった。

信濃川の下流にあたる新潟平野は低湿地のため、古くから洪水の害に悩まされていた。『洪水と治水の河川史』（平凡社）によると、明治29年（1896年）の洪水では死者75人、流出家屋25,000戸であった。また、『物語日本の治水史』（鹿島出版会）によれば、明治30年、31年（1897、98年）と連続して起こった大水害のときはコレラ、赤痢なども発生し、死者172人だったという。上流にあたる長野県の千曲川でも「全滅した村落数知れず」というのもあったようだから、下流の新潟平野の様子も想像できる。

信濃川の途中から日本海に向かって放水路を造れば新潟平野が救われるという考えは、江戸時代からあった。明治期に工事がようやく始まったが、外国人技師の忠告で中止したり、再開しても難工事だったりして、完成したのは1931年だった。

当時、総責任者だったクリスチャンの青山士《あきら》は、ここに記念碑を建てた。碑には「万象に天意を覚る者は幸いなり、人類の為、国の為」と書いた。どういう意味かと聞かれ、「それぞれ自分が解釈すればいい」と言ったそうだ。内村鑑三の影響を受けクリスチャンであったというから、山上の垂訓を思わせる。高橋裕氏は土木学会の土木人物アーカイブスで、青山士に強い影響を与えた内村鑑三の教えについて、こう述べている。「人生にとって一番大事なことは、子供や孫のためになるような仕事をすることこそ人生の生き甲斐であるというのが内村の考えでした。そのためには土木技術者になることだと」。まさに求道者である。

（10）昭和時代

1947年（昭和22年）カスリーン台風は関東から東北地方に災害をもたらした（図2-5）。死者は1,100名、浸水303,160棟、田畑の浸水は176,789 haと大災害になった（国土交通省河川整備基本方針　4.水害と治水事業の沿革より）。

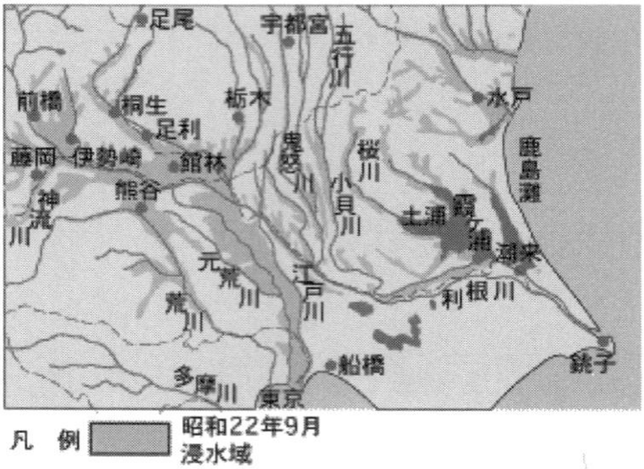

図2-5 カスリーン台風浸水域（国土交通省　関東地方整備局　渡良瀬川河川事務所ホームページより）

明治時代、中条堤をめぐる争議の後、かつて遊水池として機能した地域は堤防にしっかり守られるようになっていた。前述した通り、上流の水はどこかが引き受けなければならない。谷中《やなか》村が犠牲になり、この場所に渡良瀬遊水地が出来た。その他、いくつかの遊水池も造られ、ダムなども建設されて洪水に備えた。しかし、カスリーン台風の浸水地域を見ると全域が水没しており、効果がなかったように見える。かといって行政や技術者が「大洪水など防ぐことは無理なのです。もともと危ないところに住むのがいけないのです」と言ってしまうこともできない。危険地域に対して対策を取らないでいて洪水被害が出た場合、予想できたのに対策を取らなかったと訴えられ、国は莫大な賠償金を要求されることになるだろう。

人口が拡大し、危険地域に人が住むようになるというのは、居住地域の単なる物理的な広がりを意味しない。「分家災害」という言葉があるそうだが、本家は歴史的に安全な場所にあり、分家して出ていく人は相対的に危険な地域になるそうだ。さらに、貧困者も社会的に疎外された人たちも値段の低い危険地帯に住むことになる。このように経済的・社会的に居住地域は決められてゆく。このような条件不利な地域の人々も洪水からきちんと守りたいということは、行政、研究者、技術者の目標であることは理解しないといけない。

(11) 高津川の洪水

高津川では大正8年（1919年）の洪水で死者10名、昭和18年（1943年）の洪水で死者244名を出した（国交省　高津川水系河川整備計画［国管理区間］1.2.1 過去の水害より）。その後、平均して20年に1回の割合で洪水被害が出ているが、死者は出ていない。個人的に思い出があるのは昭和47年（1972年）の洪水で、下流地域1,254haが浸水したときのことだ。中学3年生だった私は、散髪屋で「川が逆流している」と客が興奮しながら話していたのを覚えている。当然ながら河川改修への要望は高まるわけだ。

実は、治水事業が開始されたのは昭和7年（1932年）からだそうだ。津和野土木事業所から講師を招いて「河川工事から考える」をテーマに講義してもらったときの資料には「昭和47年などをはじめとして大きな水害が発生しています。……洪水を安全に流下させることにより、家屋等の浸水被害を防止します」とある。河川工事は、第一に人々の安全を守るためにおこなっているということなのである。

2節　川環境保護の歴史

(1) 江戸時代の山田堰《やまだせき》

治水・利水の歴史が縄文時代から始まったのに対して、川環境を保護する歴史はごく最近に始まったと言える。江戸時代から見てみよう。水制工と呼ばれる流れを制御するための構造物では、石垣を組んだり、杭を打ったり、蛇籠《じゃかご》を沈めたりする。石と石の隙間は、魚やエビなど多くの生物の棲みかとなった。

筑後川に山田堰と呼ばれる石畳の堰がある（巻頭カラーP1参照）。用水確保のために江戸時代に造られた。アフガニスタンで支援活動をしている国際NGOの「ペシャワール会」が、山田堰をモデルにして堰と用水路を建設したことで知られている。

初めてこれを見たとき、斜めになった堰などというものがあるのかと不思議に思った。しかし、この堰はよく考えられていると思う。用水、洪水の力軽減、排砂、舟道の4つに対応している。おまけに魚道の役目もある。図で

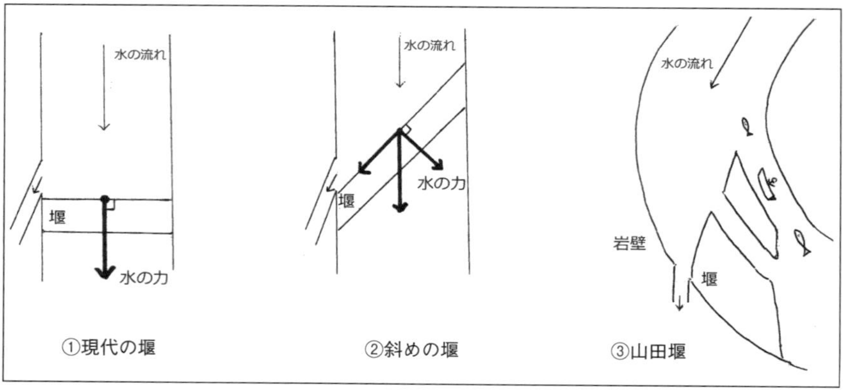

図 2-6　堰

見てみよう。

図 2-6 の①は現代の堰で、普通に見られるもの。水の流れの力はまともにぶつかるが壊れないように出来ている。

②は斜めに堰が造られている。力の分解に従って水の力を分解すると、堰の垂直方向には本来の力よりも小さくなることがわかる。技術力の低かった江戸時代までの堰は多くが斜めであったと何かで読んだことがある。力の原理が経験的にわかっていてマニュアル化されていたのだろう。

③は山田堰で、カーブを利用して堰が造られる。こうすると水の流れと堰が平行になり、洪水が岩壁に当たって弱められた上、堰に斜めに当たるので水の力が弱められる。平時には用水を取ることができ、洪水になると水は岩壁にぶつかることで弱められ、その後、堰を越えて下流に流れる。同時に排砂もされる。それでもこの石畳堰は何度も壊れては直し、を繰り返したようだ。舟運は江戸時代の重要な輸送手段だったので、このことも考えて左岸側（図では右側）には水路が用意してある。魚も舟の通り道を通って上流に遡ってゆくことができる。生態的に理にかなっている。ただ、今日の山田堰はコンクリートで固めてあるせいか水路の入口部分に段差があり、平時、魚はジャンプしないと上流には行けない。

現代の魚道と比べて江戸時代の魚道のほうが理にかなっていると言えるが、山田堰を造った庄屋の古賀《こが》百工《ひゃっこう》は魚の遡上まで考えたわけではないだろう。

意図したのは利水であって、魚の通り道があることは偶然の出来事に過ぎないと思う。

(2) エコロジスト熊沢蕃山《くまざわばんざん》

熊沢蕃山は岡山藩の池田光政《みつまさ》に仕え、治山・治水について当時としては画期的な考え方を持っていた。

水害が起こるのは上流のハゲ山から砂土が流れて川底が上昇しているからなので、思いつきで工事をしてもダメだ、植林をして森を回復させ、砂土の流出を止めなければ解決にならない、と森川一体の政策を提案した。沼地や干潟を開発して新田開発することも、やめたほうがいいという。ただ、森林を破壊すると洪水が起こりやすいことは古代大和の時代にすでにわかっていたらしいので、熊沢蕃山が思いついたのではないだろう。

蕃山の著書『集義外書』は問答形式で書かれている。「問い：農民は貧しいし武士も貧しいので新田開発は必要ではないか、ある場所では１石分の耕地を排水路等の建設のためにつぶして３石分の耕地を新たにつくることができる、いい話ではないか。（蕃山の）答え：確かに差し引き増えるのであればいい話だ。しかし１石分の耕地を失う農民は食えなくなるではないか。また３石分の耕地はもともと条件不利な土地だったので頑丈な堤防、排水路などを造らないといけないだろう。長期で見るとまた洪水でもとの沼地、荒れ地にもどってしまうのではないか。そうなると（4石分が失われることになり）元も子もない。やはりやめた方がいい」。

蕃山は言っている。そもそも上流階層の贅沢がいけない。税も取りすぎる。農民は農民で、節約と言えばケチのことだと思っている。豊年の年には賭博などにつぎ込み、一晩で使ってしまう。学問がないからそういうことになる。とうわけで庶民教育の必要性を感じ、日本最古の庶民学校「閑谷《しずたに》学校」のもとになる学び舎をつくった。

「釈迦が日本に来たらどうしたでしょうね」という問いには、こう答えている。「小さな庵に住んで修行をしたでしょう。だいたい大きな寺などどうしてつくるんだ。中国やインドは大きく森も広いので大きなお寺でいいだろうが、日本は小さいのだから大きな寺を真似る必要はなかったのだ。そんなことをするから森林が荒廃するのだ」と。現代にも通じる話ではないか。

重源《ちょうげん》は、東大寺再建のために「地獄に落ちるぞ」と言って農民を働かせたことは前に述べた。小さな寺であれば、こんなことを言う必要はなかったのだ。

耕地・生活圏が拡大すると、人口が拡大し、人口・生活水準を維持するために治水・利水工事がおこなわれると先に述べた。熊沢蕃山《くまざわばんざん》は、貧しいからという理由で耕地・生活圏を拡大してゆくと条件の不利な地域に人が住むようになり、ますます洪水被害に遭いやすくなる。それよりも森を回復して砂や石の流出を止め、税を減らし、贅沢をやめ「無為自然」に生きればやってゆけると考えた。蕃山の意見は近代化を阻害するものだと批判する考え方が当時も今日もあるようだが、彼の考えは今日で言う定常型社会論の先駆けではないか。経済成長はしない、けれども、それは暗く沈滞した社会ではなく、逆に生き生きとした社会にすることはできるとする考え方だ。

(3) 明治時代

明治時代になると川環境は悪化する。栃木県・群馬県を流れる渡良瀬川は、公害の原点と言われる足尾鉱毒事件の舞台となったところだ。江戸時代が終わって封建体制から資本主義の時代になり、政府は富国強兵、殖産興業を推し進めた。生糸、絹糸に次いで銅が主要な輸出品となった。

古河市兵衛が足尾銅山を買い取って、本格的な鉱山開発が始まった。江戸時代から採掘されていた古い鉱山で、鉱山を買い取った頃は生産量が低かった。しかし数年後に新しい鉱脈を発見し、また技術改良も進んで、明治 14 年（1881 年）から急激な生産の増加となった。明治 13 年（1880 年）には 13 t であった生産量は明治 18 年（1885 年）には 4,090 t となり、なんと全国の銅生産量の半分を占めた。

銅は精錬過程で亜硫酸ガスを出し、精錬後の鉱物滓《かす》は野積みにされる。亜硫酸ガスのために森林は枯れ、ハゲ山となった。鉱物滓は雨で流され、河床を上昇させた。驚異的な生産力の上昇が急激な森林と河川の破壊をもたらした結果、雨の後、山から水が一気に流れ出し川下から溢れ洪水となった。さらに、鉱滓《こうさい》や鉱山から流れ出した水には銅をはじめカドミウム、ヒ素などの重金属が含まれ、水生生物や農作物そして人に被害を与えた。明治 17 年

(1884年) にはすでに兆候が現れていた。アユが死んだり弱っていたりしていたという。実際にはアユどころか他の魚類、両生類や植物など、広範な生物に影響が出ていたのであろう。

人的被害はあまり調査されていないようだが、明治20年代には死亡率が出生率を上回っていること、徴兵検査で適格者が少ないなど大まかなことが調べられている。その他、生まれた赤ん坊が黒い、成人の肝臓病が多いなどや農作物が取れないので栄養不良などの症状もあったという。

この地域は昔から洪水常襲地域であったが、洪水にも恩恵があった。1回洪水が出れば流れてきた泥に含まれる栄養で3年は作物が出来ると言われた。1反 (10a) で米が8俵から9俵取れたというのだから、今日と同じくらいだ。

そう言えば、岡山で活躍した熊沢蕃山は幕府ににらまれ、この地域を領地とする古河《こが》藩に閉じ込められた。蕃山は開発反対派だったが、領民のために蕃山堤も造っている。

明治23年 (1890年) 大洪水が起こり、上流から鉱毒が流れ込んで農作物が被害を受ける。会社側は「粉鉱採集器」を取り付けるが役に立たない。被害者の運動が活発になり、この頃から田中正造の活躍が始まる。田中正造は日本で初めての国会選挙で当選し繰り返し鉱毒問題を取り上げるのだが、まともに相手にされなかった。どうしてだろうか？ 銅は富国強兵・殖産興業を進める大事な商品だ。輸出で外貨を稼げるし、大砲や弾丸にもなる。明治27年 (1894年) には日清戦争があった。こんな空気の中で多くの議員は、一地域の住民のために操業を停止しろという正造に冷たかったのだ。そして有名な天皇直訴をおこなう。残念ながらもうちょっとのところで転んでしまい、直訴状を渡すことはできなかった。

田中正造をめぐる話は尽きないほどあり、本も多く出ている。農商務大臣の榎本武揚が足尾の被害地を視察し、涙を流したという話も印象的だ。榎本の働きかけで政府も動き出し、明治30年 (1897年) に3回目の「鉱害防除工事命令」につながる。

足尾鉱山の興行主である古河市兵衛は京都で生まれた。もとは造り酒屋だったが落ちぶれて、当時は豆腐を売り歩く日々だった。母親が死んだ後、継母に嫌われて、幸福な少年時代ではなかったらしい。後に生糸を扱う小野組で才能を発揮し出世する。生糸は日本の最大の輸出品目だった。しかし、これも倒産。学歴もなく金もない無一文から鉱山経営を始めたのだ。「運が良く、あまり深く考えず、根気強く取り組めばうまくいく」と後に述べている。

3回目の「鉱害防除工事命令」は会社にとってかなりきついものだった。亜硫酸ガスは装置で除去し、鉱山から出た水は沈殿池で除去し濾過液だけを河川に流すようにすること、これを短期間でやれ、というものだった。実際のところ、政府は操業停止に傾いていたようだ。詳細はわからないが、少なくとも市兵衛は裏工作をして切り崩しにかかるということはしなかった。命令書に従って工事をおこなったのだ。お上の言うことには逆らわない明治人の気質かもしれないが、田中正造を義人と呼ぶように古河市兵衛も義人と呼んでよいのかもしれない。

政府は渡良瀬川下流部の栃木県谷《や》中《なか》村の住民を移転させ、ここを遊水池とすることで洪水を防ぎ、鉱毒の沈殿もおこなう計画を立てた。あの手この手で住民の土地を買収したが、どうしても抵抗した16軒は強制的に家屋を壊された。それでも立ち退きを拒否していた農民が仮小屋で生活しているところを洪水が襲ったので、田中正造が心配して訪ねてみると、病身を小舟に横たえていたという。顔には波しぶきがかっかっていた。正造が驚いたのは、この人が落ち着き払っていることだった。

渡良瀬遊水地は足尾鉱毒問題だけの文脈で見られることが多いようだ。これは利根川治水の文脈でも重要だ、中条堤の北側が遊水池として使えなくなったことによる替わりの場所でもある。利根川の問題も引き受けているということだ。

渡良瀬川は江戸時代、銅山が発見されて以来、人の影響を受け続けてきた。流れ出した銅、亜鉛、カドミウム、ヒ素などの重金属・化合物類は沼地の泥の中に蓄積しているし、今も鉱山からじわじわ流出している。

一方で2012年（平成24年）渡良瀬湿地はラムサール条約湿地に指定された。ヨシ原を特徴とする広大な湿地には植物で約1,000種、鳥類約260種、昆虫類約1,700種、魚類約50種が生息する。当地に行ってみたが、なんとも広大だ（巻頭カラーP1参照）。

(4) 文明的な要因と社会経済制度的な要因

ここで再び立ち止まって、環境問題と人との関係を整理してみよう。前に耕地・生活圏が拡大すると人口が増え、さらに耕地・生活圏が拡大と続いていくと述べた。立松和平の小説『毒 風聞・田中正造』（東京書籍）に渡良瀬遊水地について述べる次のような文章がある。「もともとは水がいくらでてもなんらさしつかえない沼地だったのである。そこに田んぼをつくったのだから、わざわざ人が悪因縁をこしらえたのだ」。条件不利なところを田んぼにしたのだから、本来洪水に遭っても仕方ないという意味だ。また、鉱毒は江戸時代から知られており、アユが減ったという記録もある。しかし、銅の生産量は低く、従って鉱毒の害も少なかった。これは環境問題の文明的要因と言っておこう。

しかし、近代の公害・環境問題は、これに社会経済制度的な要因が重なる。足尾鉱毒、水俣病、イタイイタイ病などでは短期に大量の有害物質が排出され、生物や人に大きな被害をもたらした。これは市場経済のもとで生産活動が加速したからである。収益は主に生産活動に投じられ、廃棄物処理はなされないか節約される。足尾銅山では、新規坑道の発見と生産設備の更新に投資され規模を拡大していった。あるかどうかわからないものを探すのだから、そうしないと倒産したかもしれない。

社会経済制度的な要因は、公害・環境問題を悪化させることもあれば適切な政策によって改善することもあるだろう。このことを図示してみよう（図2-7）。

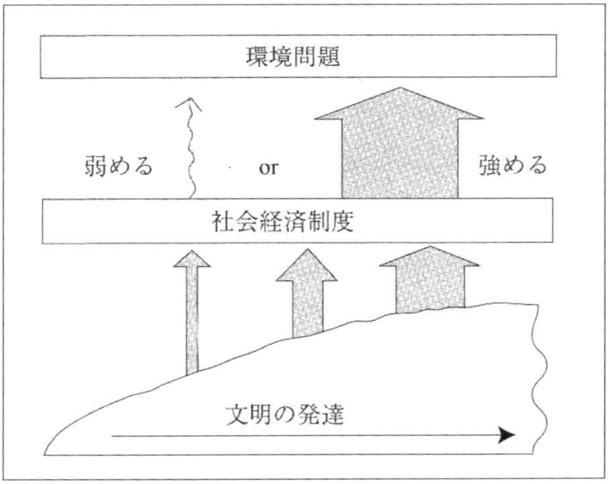

図2-7　文明的な要因と社会経済制度的な要因
（『現場から考える環境教育』〈創風社〉より）

1970年代のはじめ頃、「日本の環境教育が公害教育から始まったのは不幸な出発であった」と国際生物科学連合のフェグリ会長が述べたという。環境問題を理解しようとすれば、文明的側面、社会的経済的側面と歴史的に進んでいくので、経済的な側面から出てくる公害を抜きにしては環境問題の全体像が理解できないのではないかと思う。もう古くさそうに見える鉱害と公害を取り上げたのは、そのような理由である。

(5) 笹ヶ谷《ささがたに》鉱山の鉱毒問題

高津川の支流に津和野川がある。川の上流では江戸時代、堀《ほり》家により銅山経営がおこなわれていた。笹ヶ谷鉱山という。副産物として出てくる亜ヒ酸は殺鼠剤として江戸をはじめ全国で売られていたが、「石見銀山ねずみとり」と呼ばれ、当時ポピュラーな商品だったようだ。「石見銀山ねずみとり」は島根県大田市にある石見銀山からの名を取ったものだが、当時笹ヶ谷鉱山から出る亜ヒ酸はいったん銀山のある大森代官所に集められ、ここを拠点に全国に販売されたのでこの名が付いた。子ウシが神戸に送られて一定期間育てられた後、「神戸牛」というブランドで売られるのと同様だ。ウシの背中のノミ・シラミを取るために背中に塗っておいたら、次の朝、ウシが白目をむいて死んでいたという話が残っているくらいだから、猛毒であることはわかっていたのだ。

因みに急性毒性を示すのにLD_{50}値が使われる。これは集団の50%が死亡する濃度のことである。個体の感受性は様々で強いものから弱いものまでいるので、ちょうど半分が死ぬ濃度を基準として毒性を決める。ネズミへの実験で亜ヒ酸はLD_{50}値が15mg/kgである。青酸カリが3~7mg/kgなので、青酸カリクラスということになる。ただし、毒は薬でもある。亜ヒ酸は白血病の治療薬にもなっている。少なければ薬、多ければ毒である。

笹ヶ谷鉱毒問題は、宮崎県の土呂久《とろく》鉱害と並んでヒ素中毒問題の代表である。明治期に入り、洋式の採掘精錬法を取り入れたことで銅の生産量は増加し、明治22年(1889年)年間約400t生産した。このあたりがピークで、後に減少する。大正9年(1920年)に殺虫剤としての需要は増し、亜ヒ酸の製造が始まる。精錬工場労働者の顔や手に付着すると腐ったようなできものが生じ、皮膚はかさかさに干からび、黒い斑点が出た。亜硫酸ガスを吸うと衰弱死する者が少なくなかったという。

銅、ヒ素をはじめ亜鉛、鉛などの重金属は津和野川支流に流れ込み、田畑、井戸を汚染、魚などの水生生物を死滅させた。昭和4年（1929年）、下流の青原村で川の水が茶色になり、和紙の紙すきが不可能となり、魚類も死滅した。昭和22年（1947年）、県農事試験場の調査では田んぼのヒ素濃度が最高で300ppmであった。稲は根腐れし「かな焼け田」と呼ばれた。住民の健康被害も発生していた。足の節々が痛み、微熱が続き、すぐ息切れし、手がしびれた。土呂久《とろく》鉱害では死者150人が出ているが、笹ヶ谷の場合、死亡例の記録は見られない。果たして死亡例はなかったのだろうか？ 江戸時代から猛毒ヒ素を扱っていたのだ。おそらく記録がないだけだろう。

昭和22年、当該地域の町長・村長が事業主となっていた日本鉱業の本社を訪れた。行政は鉱毒被害防止のためのダム工事をおこなっていたが、元凶の企業も負担をすべきだと考えたのだ。企業側はまるで“乞食”か“たかり”でも来たかのように門前払いを喰わせたという。日本鉱業は後に一部負担をすることになるのだが、有力者の顔を立てるためであり、その厚顔な態度に変わりはなかったという。

現在、夕張に見るように鉱山業は過去のもので、鉱毒被害もない。しかし、坑道や鉱山廃棄物からじわじわとしみ出す重金属は川を汚染している。高津川では、ヒ素0.01mg/lの環境基準に対し0.009mg/lとぎりぎりの値だ。全国にはなんと6,000の鉱山があった。河川数は一級、二級河川合わせて約20,000だから、3~4本に1つはその流域に鉱山があったということになる（準用河川も含めると約35,000）。工場から出る廃液の場合は工場が撤退すれば汚染源がなくなる。しかし、鉱山の場合はそのままかコンクリートでフタをされているので、たとえコンクリートで覆ったとしても劣化するし、長期的に見れば地震で傷口が開き、雨が流れ込んでヒ素が再び流出し被害が生じることはありうる。鉱害はもう過去のことだから、と忘れてはいけないのだ。

(6) 川をめぐる公害の歴史

公害史の中では四大公害病が有名であるが、このうち水俣病、新潟水俣病、イタイイタイ病の３つは、いずれも海と川が関係している。それぞれ水俣湾、阿賀野川、神通川だ。川と公害はつながりが深いのだ。ここではいちいち解説することは目的ではなく、課題探しのためのメモのつもりなので簡単に触れるにとどめる。

水俣病ではチッソ水俣工場、新潟水俣病では昭和電工鹿瀬工場から、それぞれ水俣湾、阿賀野川に排出されたメチル水銀が食物連鎖を通じて人体に被害を与えた。水俣ではじめにネコに異常行動が見られたことになっているが、実際にはネコだけではなく様々な生物に異常が見られていた。魚はゆらゆらと泳ぎ、簡単に捕まえることができた。カラスが飛べなくなっていた等々。汚染物質はまず水系の生物生態系を破壊し、次いで人に現れる。

重金属はどう処理されるだろう。普通、川なら海へ流れ自然に浄化される。田など耕地に蓄積したものは客土によって処理する。客土にはＡ：新しい土を汚染土に上乗せする方法、Ｂ：上の汚染土層と下の非汚染土層を入れ替える方法、Ｃ：Ｂの方法と似ているが汚染土を下層に埋め込んでしまい、その上に新しい土を他所から運んできて乗せる方法、Ｄ：汚染土をはぎ取ってその後に新しい土を入れる方法などがある。足尾鉱毒のときは農民がＢの方法、すなわち上の汚染土を下の非汚染土と入れ替える方法で農地の改良をおこなった。水俣湾では、汚染されたヘドロを浚渫し埋め立て地に封じ込めた。神通川のイタイイタイ病ではＣの方法で水田改良をおこなった。汚染土は福島の原発事故で見るように、県外に持っていくことはなかなか難しそうだ。歴史を見れば、汚染土はその場で処理されることになると思わないといけないのかもしれない。私たちが住む島根にある原発でも同じことが言えそうだ。

(7) 川をめぐる公共事業と環境問題

企業が原因者であり甚大な人身被害をもたらした鉱害・公害問題の後、1970年代からは環境問題に注目が集まるようになる。自動車排ガスの問題、ゴミ問題など市民もまた原因者の立場となり、問題が単純ではなくなった。

公共事業によるダム、河川工事は生物環境の悪化、流砂の減少による海浜の後退、魚・カニの遡上妨害などの事態を招き、ペット・物流の拡大に伴う外来種の侵入、田畑からの農薬の流入など河川環境は悪化した。

川に大きな影響を与えた公共工事として長良川河口堰問題がある。1968年に政府決定され、工事が始まった。長良川・木曽川・揖斐《いび》川の下流地帯は昔から洪水氾濫地域であった。江戸時代には薩摩藩による三川治水がおこなわれた。杉本苑子氏が小説『孤愁の岸』（講談社）で描いている。外様大名つぶしを目的に遠くの薩摩藩に工事をおこなわせたという。

戦後は伊勢湾台風によって5,098人の犠牲者を出した（内閣府「災害教訓の継承に関する専門調査会報告書（平成20年3月）」〈1959伊勢湾台風〉より）。海からの高潮が主な原因だが、揖斐川などでは堤防が決壊し家屋が浸水した。この地域を長い洪水の歴史から守るには3つの方法がある。川幅を広げるか、堤防を高くするか、川を掘るか、である。建設省は費用その他の面から川幅、堤防より川を深く掘ることにした。川を深く掘ることで川の空間が増し安全になった。ところが、今度は海水が川の底を這うように上流まで浸入してきて農地に塩害が出る。そこで河口堰を造り塩水の浸入を阻止することにした。水の需要も増加しそうだから、利水も兼ね備えるものとして計画された。利水についてはその後十分足りていることがわかり、治水のための河口堰ということになる。

これに対し大きな反対運動が起こった。まず、河口堰によって漁業面ではアユの遡上が止められた。川で卵からかえった仔魚が海にたどり着くのに時間がかかり、途中で死んでしまった。水質の悪化もあって漁獲量が減少した。多くの市民も参加して大きな反対運動が起こった。長良川は日本の大きな河川の中でただ一つ本流にダム・堰のような遮るものがない川で、サツキマスやアユが上っていたのだ。本流にダムのない川は高知県の四万十川、北海道の釧路川、島根県の高津川など数少ない。生物はアユやサツキマスだけではない。アユカケ、ウグイ、ハゼ、モクズガニ、エビ、貝類、ゴカイ、水生昆虫、水生植物などはどうなったのだろう。生物生態系全体への影響は計り知れない。

また、環境面とは別に約1,500億円という建設経費も問題とされた。始まったら無駄とわかっても止まらない公共工事のあり方が問題になった。

1990年代は公共事業と環境破壊をめぐる多くの書籍が出版され、運動が展開された。『公共事業をどうするか』（岩波新書）では、無駄と環境破壊を繰り返す公共事業が止まらない現状について述べている。これを止めるには外堀から埋めていくしかないとし、具体的には情報公開法、アセスメント法、NPO法、規制緩和、地方分権をあげている。当時、この本を読んだときはなんだか気が遠くなるような気がしたが、20年経過して読み返してみると制度面での変化が起こっている。どう変化したのかは生徒の課題・テーマとしておき、彼らに取り組んでもらうとしよう。

3節　開発か、環境か

(1) 開発は必要であるという立場

開発の立場から河川を見ると次のようになるだろう。治水と利水の歴史は農業が始まって以来延々と続いているものであり、人類史は治水・利水の歴史と言っていいだろう。これまでにも多くの人命が洪水により失われ、人々はそのたびに様々な工夫を重ねて堤防や堰、河川工事をおこなってきた。古代には空海のような僧侶や有力者が、近世になると武田信玄の治水、加藤清正の治水、伊奈忠次の治水など多くの専門家が出て工事をおこない、農民や人々を救った。もしも幕府や地方の武将が暴れる河川を放置したらどうなるか。悲惨な歴史が物語っている。御囲堤《おかこいつつみ》のせいで木曽川、長良川、揖斐《いび》川の合流する地域では輪中をつくらなければならなかったが、それでも繰り返し洪水に苦しんだ。明治期には、中条堤《ちゅうじょうてい》をめぐって埼玉県で騒乱があった。信濃川の支流では、対岸の堤防を切って洪水が自分のところに入らないようにした。滋賀県犬上川周辺での水争いでは、竹槍の争いになった。水をめぐって藩や人々は仁義なき戦いを繰り広げてきた。

このような混乱を収めるには幕府や政府などの上位組織が人々の要求を聞き、地域間の調整をしながら対策工事をおこなっていくしかない。環境に配慮して対策を怠り被害が拡大しても良いのか。人命を守ることが第一ではないのか。明治以来の技術進歩と河川工事により、災害による死者数は驚くほど減少している。これは「人類の為、国の為」になるような、また「子どもや孫のためになるような仕事」をした行政や河川工学に関わる人々の努力のたまものなのである。

環境についても、1997年の河川法改正で「河川環境の整備と保全がされるようにこれを総合的に管理」(1条) と自然環境にも配慮することになっており、河川ごとに作成される河川整備基本方針、河川整備計画では水辺の国勢調査に基づき動物、植物の生息状況が詳しく述べられており、河川工事に当たっては配慮がなされるようになっている。河川敷を親水公園化したり、魚道を設置してアユやサケの遡上ができるようにしている。それを横から観察することができる施設もある。多自然川づくりも進んでいる。しかし何といっても、人命を守ることと利水を優先しなければならない。温暖化による雨量の増加も心配される。よってダムもまだまだ必要だし、堤防のかさ上げ、川の掘削、河口堰などやることはたくさんある。

藤井聡氏は『公共事業が日本を救う』(文春新書) の中で「もしも、我々が、我々の現代社会の日常生活の「持続」を求めるのならば、好むと好まざるとにかかわらず、『一定以上のダムは、確かに必要なのだ』と言ってのけねばならない」と述べている。日本では人口の50%が洪水の危険のある区域に住んでいる。「そんなところに住むからいけないのです」と言って済ますわけにはいかないのだ。

(2) 環境を重視すべきだという立場

川を含め森、海、水、土壌、大気など自然環境や社会インフラ、制度資本のことを社会的共通資本と呼んでいるが、生物豊かな川は社会的共通資本として現在及び将来世代のために必要不可欠である。生存の基盤となるもので、空気のようなものだと思えばよい。普段は意識しないが、それが汚染されたり不足したりすると命に関わる。

もともと、1960年代から公害研究の過程で宮本憲一氏により社会的間接資本 (社会資本) のあり方として研究され (『環境経済学』〈岩波書店〉)、続いて1970年代に宇沢弘文氏により社会的共通資本 (『社会的共通資本』〈岩波新書〉) のあり方として研究された。両者は異なる立場の経済学者であるが、森、川、海などが持続的な社会を維持するために必要な社会的基盤であるという認識では同じである。

簡単に両者の違いを整理してみると**図2-8**のようになる。この章では自然環境のうち川の話をしているが、森、海についても川と同じように考えてよい。

<table>
<tr><th></th><th colspan="2">社会的間接資本（社会資本）
（宮本1989より）</th><th>社会的共通資本
（宇沢2000より）</th></tr>
<tr><td>自然環境</td><td colspan="2">アメニティ
（川、海、風景、水）</td><td>土地、大気、土壌、水、森林、川、海</td></tr>
<tr><td rowspan="2">社会インフラ</td><td>社会的一般労働手段</td><td>社会的共同消費手段</td><td rowspan="2">道路、上下水道、公共交通、電力、通信</td></tr>
<tr><td>運河、道路、産業用排水設備、ダム、鉄道、港湾、空港</td><td>共同住宅、上下水道、街路、広場公園、競技場、公共交通</td></tr>
<tr><td>制度資本</td><td></td><td>医療病院、学校、福祉施設、保育所</td><td>教育、医療、金融、司法、行政</td></tr>
</table>

図2-8　社会的間接資本（社会資本）と社会的共通資本

宮本氏は「アメニティ（住み心地の良さ）とは市場価値では評価できないものを含む生活環境」のことで、その中に「自然」が含まれるとした。工業化・都市化の過程でアメニティが失われ、人々の住環境は悪くなってきた。そもそも公害は、私企業が廃棄物の処理費用を節約して廃棄物をそのまま川や海に流したために起こった。人命や自然が失われ大きな社会的損失を引き起こしたが、アメニティが失われることによっても社会的損失を発生させるのだ。では、生産手段が国有になれば解決するのかというと、それも違う。資本主義でも社会主義でも、資本形成、産業構造、交通体系、生活様式、公的介入の様子、民主主義のあり方、国際化のあり方（これらをまとめて「中間システム」と呼んでいる）が環境に配慮するような形で機能しなければ、環境問題は発生するとしている。

宇沢氏は社会的共通資本について「利潤追求の対象として市場的な条件によって左右されてはならない」ものとし、これらは売り買いしてはいけないのだとしている。森や水は売り買いの対象になっているが、無制限ではいけないと言っているのだろう。私のような経済学素人から見ると、両者は多くの部分で重なっているような気がする。

「昔の川は……だった」とは良く聞く話である。川は魚やエビ、昆虫などの生物が生活し、水生植物が生え、子どもの遊び場として、釣り場として、家族の憩いの場としてかけがえのないものである。感傷的だ、ノスタルジーだ、と一蹴してよいだろうか。風景、生物など含めた自然環境が人の成長や精神衛生、ストレスへの対処などで果たす役割は、まだ十分にはわかってないのだ。まだ価値がよくわかっていないまま消えてしまうことは後戻りのできない損失ではないか、というのが環境を守ることの根拠である。

おそらく公共事業でも事業評価がおこなわれる。でも「自然環境の変化」として希少動植物の生息状況に触れるのがせいぜいのところであろう。これでは全くダメなのだ。少なくとも岩場や橋の上から川に飛び込んで、群れをなして泳ぐ魚を捕まえる、というような体験ができる一昔前の環境にまで戻す必要がある。

1990年代は巨大公共事業が無駄と環境破壊を引き起こしていることに批判が集まったが、たとえ無駄がなく適切な事業がおこなわれたとしてもアメニティや自然体験の場、生物の個体群が失われ生物多様性が失われた川となったのでは、共通資本としての価値を持っているとは言えない。

開発重視と環境重視の2つの立場を理解し、将来どうしていくべきかを考える、というのが本書全体を通じた課題である。

どうも、川の話に長居をして時間を使いすぎたようだ。とりあえず、歴史的な検討から文明的側面と社会経済制度的側面、開発と環境の立場という全体をとらえる枠組みは引き出せたようだから、次に、川の自然科学的な側面や現代において抱える問題を大まかに見た後、本題の森里海の話に入ってゆこう。

4節　川と森里海

川には連続性、かく乱、瀬と淵という基本的な3つの特徴がある。川を見るときにはいつもこの3つの特徴を思い出しながら観察をおこなうことが重要である。『河川生態学』（講談社）、『観察する目が変わる水辺の生物学入門』（ベレ出版）を参考に整理しておこう。

川をめぐる問題は、かつての鉱毒や工場排水による人体被害、環境汚染が影を潜め、変わって生物多様性の減少や親水、景観といった問題が主流となった。しかし、農薬は相変わらず使用され川に流入しているし、不法に捨てられるゴミの中には有害ゴミもある。

(1) 川の特徴

A　連続性

川は上流から下流に下るに従って環境や棲む生物が少しずつ変化してゆく。これは「河川連続体仮説」と呼ばれている。

上流域では、光が森に遮られるので光合成による生産量は小さく、落ち葉を噛み砕いて栄養にする水生昆虫（破砕食者）やそれらを集める水生昆虫（収集食者）が多いのが特徴となっている。イワナ、ヤマメなどの渓流魚はこれをエサとする。

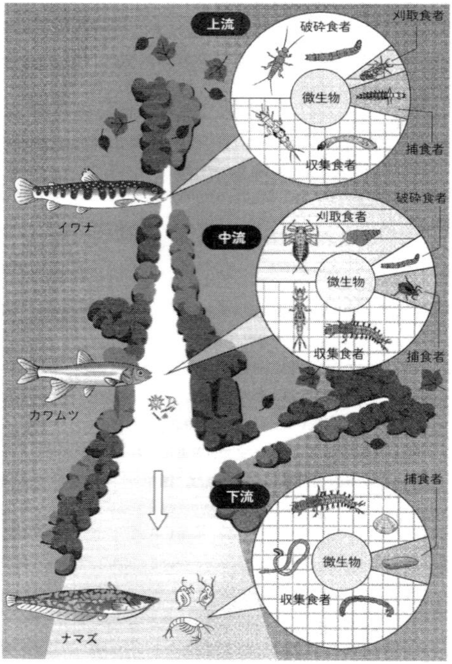

図 2-9　河川連続体説（『観察する目が変わる水辺の生物学入門』〈ベレ出版〉より）

中流域では、細かくなって流れてきた葉の破片をヒゲナガカワトビケラ（収集食者）が網を張って捕獲し、エサとする。光は川の底まで届くので藻が生え、これをヒラタカゲロウがかき取って食べる（刈取食者）。魚ではカワムツ、オイカワなどの雑食魚類が多くなる。

下流域では、流れてきた栄養塩類、糞、細かい有機物を利用して植物プランクトン、ユスリカ、イトミミズ（収集食者）が多い。コイ、ナマズなどの大型魚や海水と淡水の混じる汽水域でも棲めるボラ、スズキなどが棲んでいる。

アユ、サクラマス、アユカケ、ウナギ、モクズガニなどは川と海を行き来しているので、川の流れが連続的につながっていることが絶対に必要である。ダムや堰堤など川を横断する工作物は移動の障害となり、大きな問題である。

B　かく乱

川は海や湖に比べ大きな環境変化がある。洪水ですべてを流すようなときがあるかと思うと、渇水で干上がることもある。また、鹿児島県の川内《せんだい》川のように、噴火で重金属を含んだ火山灰が流れ出て魚が死滅することもある。現在の川に生きる生物は何十万年、何百万年もの間このようなかく乱に適応して生き残ってきているので、安定し単調な川をつくってしまうと、かえって侵入してきた外来の生物に競争で負けてしまうことになる。河川工事は生物にとってはかく乱要因であるが、小規模であれば本来の適応力でやり過ごすことができるだろう。しかし、工事が大規模で生物が対応しきれないと絶滅してしまうことになる。現在の工事技術はかく乱要因として大きすぎるのではないか。

C　瀬と淵

自然の川とはどんな川だろうか。岩場があったり、滝があったり、曲がっていたり、植物に覆われていたりと様々な姿が見られる。基本的に自然の川は蛇行しながら瀬と淵を繰り返している、というのが特徴だ。

瀬では流れが速く白波が立ち、川底にしっかり根を下ろしている石もあれば、浮いたような状態の浮き石もある。光がよく届くので藻類の生育も良く、カワゲラ、カゲロウなどの水生昆虫も多く生息し、これらをエサとするウグイ、カワムツなどの好む環境となっている。

淵のほうはカーブしているところに多く、波が静かで、川底には砂と泥が混じり、落ち葉や枯れ枝などが溜まっている。水に削られた岩場があったりしてコイ、フナなどの魚により隠れ場所、避難場所として利用されている。

河川工事で川が直線化すると瀬と淵の区別がなくなり、隠れ場所、避難場所がなくなる。鳥などの捕食者に見つかりやすくなったり、洪水時に流されやすくなったりして個体数を減らしてゆくことになる。ふつう、我々は目の前で何匹もの魚が死んで浮かんでいたり、血を流していたりすると危機を感じ、声を上げる。しかし、見ていない間に洪水で何もかも流され、魚が全滅しても何とも思わない。河川工事の影響を考えるには想像力が必要だ。

今日では川縁から、あるいは橋の上から川をのぞいたときに、魚が群れで泳ぐ姿を見かけなくなった。群れで泳いでいるのは放流されたアユだけだ。よく考えてみよう。放流アユを釣るというのは、これは川という細長い池で釣り堀をしているのと同じではないのか。もはや自然ではないと言えるかもしれない。

(2) 川をめぐる現代の課題

A ダム、堰《せき》

○流下する石や砂の減少

川では洪水のたびに上流から石や砂が流され、河川敷や海岸に堆積する。日本の砂浜は上流からの砂が供給されることで維持されてきた。ある計算によると、ダムには砂が 1,530,624,000m^3 堆積しており、これを海に流せば 1 mの深さで 100 mの幅の海岸が 15,300kmできることになるという。日本の海岸の長さは約 34,000kmだから、その半分の長さに相当する。

小石が供給されないことも生物に影響を与える。小石には、はまり石といって地中に入り込んでいるものと、浮き石と言われる川底との間にわずかな隙間があるものがある。浮き石の下にはアユその他の魚が産卵するので、この石が供給されないと困るわけだ。漁協では上流から小石を運んできてアユの産卵場所に撒いたりしている。

○ダムへの栄養分の蓄積

ダムは一般に上流部の人家のないところに造られるが、森林から有機物が流入し湖底にたまることで富栄養化する（巻頭カラー P1 参照）。黒部川の出《だ》し平《だいら》ダムでおこなった排砂のための放流では、湖底に溜まっていた悪臭を放つ有機汚濁物質が富山湾に流れ込み、ワカメ、ヒラメ、サザエ、クルマエビ等に漁業被害を生じ裁判になった。本当ならば森林からの栄養塩類は徐々に流れ出し、海の生物の栄養分となっていたはずのものである。

○生物の移動を邪魔する

川の魚の中には海と川とを行き来するものがある。まとめて回遊魚というが、遡河《そか》回遊魚、降河《こうか》回遊魚、両側《りょうそく》回遊魚の３つに分けられる（図 2-10）。

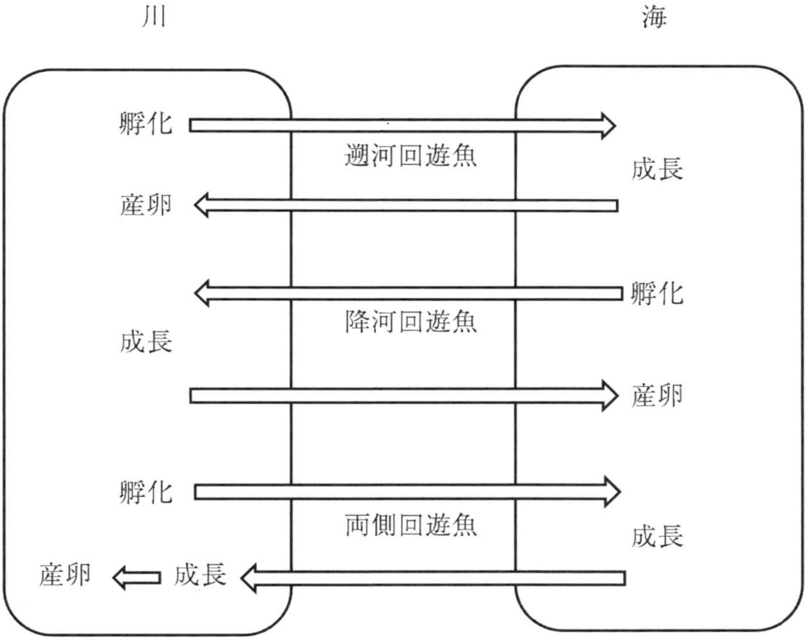

図 2-10 『川と海を回遊する淡水魚』（東海大学出版会）より

遡河回遊魚はサケ・マス、ワカサギ、イトヨなどで、親は川で産卵し孵化した仔魚が海に下って成長して親になったのち、産卵のため川に戻ってくる。

降河回遊魚はウナギ、アユカケなどで、親が海で産卵し稚魚が川を上ってきて成長し親になったのち、産卵のために海に下る。

両側回遊魚はアユ、ヨシノボリなどで、親が川で産卵し孵化したらすぐにいったん海へ出て一定の時間を過ごしたのちに、また川に戻ってきて川で成長する。

沖縄の羽地ダムには魚・エビ用のエレベーターがあるそうだが、一般にダムや堰《せき》は上流への移動を止めてしまう。近年では魚道などが整備され、色々と工夫はなされているが、中には魚が利用しているとは思えないようなものがある。魚の行動生態を理解していないと思われる（**写真2-4**）。

回遊魚でなくともハゼやエビなど多くの水生生物は川の上下移動をしており、これによって遺伝的な交流が起こっている。堰《せき》等で止めてしまったら遺伝的に孤立し近親交配が進むことになる。

写真 2-4　魚には魚道の入口がわからない。堰の下にアユが集まっていた。

B　河道改修（護岸工事、川の直線化、河道拡幅、河道掘削）

○魚類、底生生物環境の破壊

護岸工事、川の直線化、河道掘削によって河道（水が流れるところ）は固定化し、川底が深く削られ変化のない水路のような形になる。また、河道拡幅工事がおこなわれていれば、普段水のないところは急速に樹木が生長し樹林化してしまう。

○水生植物が川底から剥ぎ取られる

高津川上流で見られる水草のヒメバイカモは湧き水のあるところに多いが、川に生育している場合、洪水のたびに剥ぎ取られ、あるいは土砂で埋まる。ワンド（湾処。湾のように引っ込んだ水たまり）と呼ばれる一時避難所のような場所も直線化した川の中では洪水で一気になくなってしまい、ヒメバイカモは死滅してしまう。

○河川敷、氾濫原が樹林化

先にも述べたが、拡幅し直線化した川では深い溝が出来るので、洪水で水に浸かる頻度が少ない河川敷のうち高水敷ではどんどん樹木が生え樹林化する。ニセアカシア（ハリエンジュ）は外来種であるが、マメ科植物特有の共生根粒菌のおかげで成長が早く、河川敷で増えている。樹林化すると洪水時、ダムの働きをするため水の流れを妨げるので、水害の危険性が増すことになる。

C　外来種

川は本来環境変化の激しいところなので、新しい生物が侵入するのは難しい。しかし、河川工事によって河川敷は比較的安定した環境となっており、植物にとっては生育しやすい場所となっている。セイタカアワダチソウは陸地の耕作放棄地などに繁茂しているが、川の周辺でも多く見られる。花粉症の原因ともなるオオブタクサ、アレチウリなどの草本やニセアカシアなどの樹木が目立っている。ただ、オオカナダモなどの外来水生植物は他にめぼしい水生植物がない中で、魚・エビの隠れ家として役に立っているようにも思える。失われた日本の植物の代理をしているとなれば、一概に外来種はダメ、と決めつけられないかもしれない。

動物ではオオクチバス、ブルーギル、カダヤシなどの魚類、タイワンシジミなどの貝類が問題となっている。オオクチバス、ブルーギルなどの北米産魚類はため池や大河川といったように流れの緩やかな止水域を好む。高津川のような中小河川で流れの速いところでは侵入が難しいようだ。

外来種ではないが、漁協によるアユなどの稚魚放流は地域の遺伝子プールをかく乱しているだろう。他県の個体群は温度適性や病気への抵抗性などが異なる可能性があり、放流によって在来種にどのような影響が出るか予測できない。法律にも問題がある。川の漁協である内水面漁協は普通、漁業権を持っている。漁業権を持っている者は、対象となる魚種について水産資源保護の義務を負っており、対象魚の量が減っているのに稚魚を放流しなかった場合、資源保護の責任を果たしていないと見なされ、漁業権取り消しの可能性が生まれる。遺伝子プールのかく乱が義務化されていると言えるのだ。これは、法律が魚を生物多様性の視点からではなく漁業資源の視点からのみ見ているからだ。

D　農地からの農薬の流入、ゴミ投棄

水田や畑では農薬が使用されている。昔に比べ毒性は低下しており、従って魚毒性も低下している。ところがこんなニュース記事があった。ネオニコチノイド系殺虫剤はミツバチ減少の原因と見なされているが、上流域で撒いたネオニコチノイドが川に流れ込み、河川敷に生えている雑草に取り込まれ、この雑草の花を訪れた昆虫が神経麻痺を起こしているというのだ。ネオニコチノイド系殺虫剤は植物浸透性の薬なので、薬剤が花粉にまで浸透し昆虫の

体内に入ったのだろう。思わぬところに影響が出るものだ。

前述した通り、一般に農薬の人体に対する毒性については低下しているが、環境ホルモン的な働きはどうだろうか。これまで「普通物」としてホームセンターで売られているような殺虫剤でも、環境ホルモンの疑いのあるものはある。一頃のようにマスコミが取り上げなくなったが、環境ホルモンの影響は未解明の部分も多いようで、内分泌かく乱に関する評価が続いている。特に最近では人の神経発達障害を引き起こし、注意欠陥多動症などの原因の一部になっていることがわかっている。

アユのような漁業資源については注目されるが、メダカやハゼ、水生昆虫をはじめ無脊椎生物、植物に対し農薬がどのように影響するかなどは十分にわかっていない。それとも、強力な農薬が使われた時代に感受性の高い生物個体はすでに淘汰されてしまったのだろうか。

写真 2-5　山深い渓流に捨てられた冷蔵庫。わざわざ捨てに来たようだ。

河川敷を歩くと自転車、冷蔵庫、電気製品など不法投棄されたゴミがある。下流だけの話ではない。ヤマメがいるような渓流でもテレビなどの電気製品が散乱している（写真 2-5）。日本人はきれい好きと言われる。道路、サッカー場など、公共の場で自主的に掃除をする人をニュースで見る。この矛盾した姿をどう考えたらよいのだろうか。おそらく川にゴミを捨てる人とサッカー場を自主的に掃除する人は違う人なのだろうが、次のように言えるのではないか。日本人は人が見ているところはきれいにするが、見ていないところは汚しても気にしない。この二面性について、あるときネットのニュースサイトで次のような解説記事が目に止まった。日本人が道路・球場・公園をきれいにするのは、日本が管理社会であるからだ。監視されているという気持ちの働く公共の場では行儀良く、模範的にふるまうというのだ。さて、これは本当だろうか。川のゴミを例に確かめてみたいところだ。

E　本来の川がわからない

ダムのない川も数えるほどしかないので、天然の川というものは日本にはほぼないと考えていいだろう。もともと日本にあった川の生態系とはどんなものだろう。生態学では、生物群集の中にキーストーン種がいて、生物群集全体のバランスを保つのに重要な働きをしていると教えている。アメリカンビーバーはアメリカの河川生態系のキーストーン種となっている。かつては日本でもカワウソがキーストーン種だったのかもしれないが、カワウソはすでに絶滅したので調べることもできない。しかし、仮に明治時代に戻ってカワウソを調べることができたとしても、この明治時代の川が本来の川なのかどうかはわからない。人は洪水・利水対策で昔からずいぶんと川を改変してきたからだ。

チェルノブイリ原発事故の起こったウクライナの例は、ちょっとヒントになる。アメリカの科学誌『カレントバイオロジー』（セルプレス）に、チェルノブイリ原発周辺の立ち入り禁止区域における野生生物の生態調査結果が載った。なんと、放射能で汚染だらけの地域にオオカミやエルク、ノロジカ、イノシシの個体数が大幅に増加していた。生物にとっては、人のいる環境のほうが放射能で汚染された環境よりも有害らしい。人が立ち入らないで放置することが何よりも大事ということか。

福島原発事故の後、人の去った浪江町の町中にイノシシやサルが我が物顔で歩いているところがNHKの特集番組で放送された。私も和牛を飼い続けている浪江町の「希望の牧場・ふくしま」を訪れてみた。牛は放射線の中で暮らしてきたので、肉は出荷できない。放射線によるという斑点のあるウシも見かけたが、このウシたちは総じて元気そうに見えた。野生生物についてはチェルノブイリと同じことが起こっているのではないか。自然は回復しているのだ。

過疎地では人口が減少して荒廃地が広がっている。かつての田んぼは杉林になり、堤防が崩れ、砂防堰堤は壊れ始めている（**写真 2-6、写真 2-7**）。もしかすると、このまま100年も放置すればまた元の原自然の川に戻るかもしれない。「過疎」といえば、ふつうマイナスの評価をされるだけだが、いいこともあるという別の見方も必要だ。

写真 2-6　壊れつつある堤防。
山林の中にある。

写真 2-7　ヒビが入った砂防堰堤。
山中のワサビ畑にある。

(3) 川と森里海の統合

川または河川は、それ自体独立した研究対象であった。河川学、河川流域環境学、河川生態学、河川工学、河川生態工学、流域論など、様々な研究分野がある。特に河川工学は土木技術の長い歴史がある。一方、森里海については流域圏の科学、森川海、森里海連環学など言い方がいくつかあるが、研究の歴史は浅い。私自身は『森里海連環学への道』（旬報社）を読んだことが出発点となった。森について、海について、草原についてなど、それぞれが別個に研究され、全体を一体としてとらえるという視点がなかったということだ。

このことはそのまま学習活動にも反映され、森の学習、川の学習、海の学習、田んぼの学習など、全く別々におこなわれてきた。環境教育において様々な分野を横断的に統合化して学ばせることは、一つの課題となっている。森、里、海を川が横断する形で統合したものをイメージしよう。「森里川海の環境教育」でもよいが、ちょっと長いので川をとって「森里海の環境教育」としておく。

参考書としては『森里海連環学への道』（旬報社）、『システムとしての〈森－川－海〉』（農文協）、『森川海の水系』（恒星社厚生閣）の３冊が、教員、生徒双方にとって平易でわかりやすい。

他に京都大学から『森里海連環学』（京都大学学術出版会）、『森と海をむすぶ川』（京都大学学術出版会）、『森と里と海のつながり』（大伸社）が出ており、参考になるが専門的でやや難しい。

地方においては、人口減、高齢化、林業、農業、漁業の後継者不足は深刻である。このため、微力を顧みず、欲を出して産業の問題にも手を広げて、森里海の環境学習を構成した。広大な学習分野となってしまったのですべてをカバーすることなどはとうてい無理で、点的な取り扱いになってしまった。それでもよい。それぞれの地域には地域特有の「点」となる問題があるはずで、それに取り組めばよいのだ。

森や川や海をテーマとする学習はすでに多くおこなわれており、珍しいことではないが、大事なことは構造化することだ。森里海川を統合し、構造化することで各問題の位置付けがはっきりするので、ばらばらであるよりも生徒の理解が進むだろうと思うのだ。また、教員側としてもばらばらに思いつきでやるのでは、毎年、新年度の取り組みに苦労することになるが、構造化によって継続性が生まれるだろう。

5節　課題・テーマになりそうなこと

森里海の環境教育の特徴は、課題発見のための学習に十分な時間をかけることにあると考える。各章ごとに課題になりそうなことをピックアップしておくが、ほんの一例に過ぎない。ここでは２章で思いついた課題・テーマをあげておく。

①地域の洪水史を調べてみる。その後どんな工事がおこなわれたか、など。

②水争いはあったか。どんなものだったか、など。

③ 1990年代に公共事業による環境破壊がクローズアップされ、多くの書籍が出た。その後、2000年代、2010年代と公共事業はどのような経過をたどったか。五十嵐・小川による具体策「情報公開法、アセスメント法、NPO法、規制緩和、地方分権が必要」はどうなったであろうか。

④川の魚道を調べてみる。魚は本当に魚道を上っているのか、そもそも上ることのできる魚道なのかなど。

⑤魚はプラスチックゴミの小片を食べるか。上流のヤマメ、下流のオイカ

ワなどで調べる。
⑥河川敷のゴミはどうすればなくせるのか。
⑦川を流れるはずの土砂はどこで止められているか、上流にまで遡って調べる。

3章　森と林業

2001年、それまで木材生産を主体にしていた林業基本法に代わって「森林・林業基本法」が制定された。この法律では木材生産だけでなく、水源かん養、災害防止、環境保全、レクレーションといった森の持つ多面的機能を発揮することを目標としている。河川法に「環境」が加えられたのに対応している。

これで森の環境保全と林業による開発とは、調和する姿となるだろうか。まだわからない。今、林業では不振が続いている。林業による環境破壊よりも林業従事者の高齢化や木材低迷による林業自体の衰退、山林の荒廃など林業が進まないことのほうが問題になっている。

川の歴史と同じように開発面と環境面の両面からこれまでの歴史を簡単に振り返ってみよう。ただし、川の歴史とは様子が異なるので、森の開発と破壊を（1）～（6）に、保護運動に関わるものだけの歴史を(7)にまとめておく。

森里海のつながりを扱うテーマとしては、ダムによる流砂の減少、栄養塩類などの物質循環、生物の上下移動などがある。森の植生、野生動物、林業についても、それぞれ簡単に見てみよう。渓流魚を通じて、川との関わりについても触れることにする。

ここでも、最後に生徒の課題・テーマになりそうなことをいくつか取り上げておいた。

1節　森の歴史

(1) 古代

森が伐採により減少したのは近年のように思われがちだが、実は古代から森は酷使されてきた。飛鳥・奈良・平安時代、遷都が繰り返しおこなわれ、650年くらいから800年くらいの150年間に13回新都がつくられた。このため、奈良や京都を中心とした畿内の森林は切り尽くされた。日本人は共生と循環の自然思想があったので森が守られてきた、という考え方には賛成できない。

遷都だけではない。神社仏閣の建設もこれに拍車をかけた。東大寺は柱として直径120㎝、長さ30mのスギを84本必要とした。これを含め東大寺の建設には全部で28,000m^3の木材が使われた。もしも、現在同じ量の材木を使って150m^2のゆったりとした土地に3,000万円クラスの木造住宅を建てるとすると、1軒あたりの木材量が30m^3なので930軒つくることができる。出雲大社の場合は4,660m^3の木材が必要なので、150軒分だ。スギは直径120㎝になるのに約250年かかる。タットマンは、600年から850年の間の建設ブームで9万haのヒノキ原生林が皆伐《かいばつ》されたのではないかと言っている。

この時代は近畿地方が破壊の中心だった。滋賀県大津市にある田上山《たなかみやま》は古代よりハゲ山となっており、雨が降ると土砂が瀬田川に流れ込み水害を引き起こしてきた。古代においても、木を切ると森の保水能力がなくなり洪水を引き起こすことはわかっていたのだ。その意味で、森里海の認識の歴史は古くからあると言えそうだ。

中世には戦火で東大寺が消失したが、再建のために山口県・周防まで出かけて木材を調達しなければならなかった。そこで、僧侶の重源が「しっかりやらないと地獄に落ちるぞ！」と言ったわけだ。

(2) 近世はじめ

豊臣秀吉、徳川家康の時代を挟んで、1570年〜1670年の間にも森の略奪があった。秀吉は建築マニアというか建築プランナーとして実に多くの建築物をつくった。大坂城、京都伏見の指月城《しづきじょう》など100近くの城を建設した。さらに聚楽第《じゅらくだい》、方広寺《ほうこうじ》、朝鮮出兵のための艦隊、京都の都市計画などきりがない。木材供給地は秋田、東海の駿河、中部地方の飛騨・美濃、紀伊半島の熊野・吉野、九州の日向など全国各地に及んだ。各地の最高級の木材を要求したので大木の森林はことごとく伐採された。

家康も江戸城、駿府城、名古屋城などいくつもの建築物を多くつくった。家康の時代になると山の奥まで入らないと良質の木材が取れなくなっていた。また、山奥からの木材輸送は川に流す形でおこなうが、これを円滑にするために、天竜川・富士川、京都の大堰川《おおい》の浚渫工事をおこなわせた。

江戸時代はエコ社会だと言われる。ゴミ、屎尿などのリサイクルがおこなわれていたことを指してそのように言われるが、実はとても資源浪費的であった。火災は1601年から1866年までに93回起こった（『日本人はどのように森をつくってきたのか』〈築地書館〉より）。約3年に1回の計算になる。火事はたいそう美しかったので「江戸の華」とも呼ばれたが、再建のたびに大量の木材が必要とされた。

耕地の開発もばかにならない。江戸時代は戦国時代が終わって平和になり、新田開発に向かうようになるが、18世紀の江戸中期には新しく開拓できるところは殆ど残っていなかった。農業生産力自体は、農具の改良、金肥の投入など技術の進歩もあって向上していた。

森について見ると、入会地と呼ばれる共有地が多く、ここから取ることができるのは建材、山草などの肥料、燃料、食料であるが、過剰に使われたのでいたるところがハゲ山になり、土壌が流出して水害を引き起こした。熊沢蕃山《ばんざん》、佐藤信淵《のぶひろ》、秋田藩の釈浄因《しゃくじょういん》など、各地で森の大切さを説く思想家が多く現れた。佐藤信淵は農学者で、森が利水だけでなく治水にも役立つと言っている。釈浄因は僧侶であったが、森からは水や様々な産物が得られるのだから切るべきでないと唱えている。因みに釈は品種改良にも熱心で、生物の「突然変異」を発見していたらしい。江戸時代の森林思想家は調べてみるとおもしろい。

歌川広重の「東海道五十三次」の絵は風雅ではあるが、よく見るとしょぼくれたマツの木がまばらに生えている。島根県津和野町には『津和野百景図』という江戸時代の終わりを描いた絵があり、その絵がきっかけで津和野町は日本遺産となっている。山を描いた絵を見ると貧相な木々が手前に描かれているだけで山には木がない（図3-1）。

図3-1　津和野百景図 第五十九図「陶ヶ嶽《すえがたけ》」
（津和野町教育委員会 所蔵）

江戸時代は、どこもハゲ山だ

らけだったのかもしれない。そうだとすると、時代劇映画で背景シーンに鬱そうとしたスギの林があったりするのは間違ったイメージを与えているだろう。

「共有地の悲劇」という言葉がある。1968年にハーディンが提唱したこの言葉の意味は、共有的に管理されている資源は過度に利用され、しまいには共同体自体も消滅してしまうという考え方である。入会地では使ってよい道具はこれこれ、取ってよい量は馬1頭分だけ、など細かく決められていたが、森に対する人口圧力はどうすることもできず、利用できる森の資源はぎりぎりの状態だったということだ。

幕府は、18世紀になると積極的に木を植え始めた。植林・育林政策の始まりだ。各藩でも御林《おはやし》、留山《とめやま》など、伐採禁止の保護林の設定なども始まっていた。枝も取ってはならない、樹皮も剥いで持ち帰ってはならない、と厳しいものであった。尾張藩ではヒノキ・サワラ・ネズコ・アスヒ（アスナロ）・コウヤマキ・ケヤキの6種類の木を切ると厳罰があり、「木一本首一つ」の言葉が生まれた。

森の動物はどうだったろうか。新田開発によって耕地が森深く侵入するに従って、動物との接触も増えてくる。イノシシ、シカは稲を食害し、対策に苦労していた。カラス、ハト、キジは豆や麦を食害する。意外なことにスズメは稗《ひえ》や雑穀の種のみ食害し、稲の害鳥ではなかった。最近の研究では、江戸時代、百姓は多数の鉄砲を所持していたが、その使用を自制していたようだ。

日本では古代、仏教が伝わって以来、肉食《にくじき》は禁じられてきた。ところが、例外としてニワトリや魚は遠慮なく食べていたようだ。仏教が殺生を禁じたのは、バラモン教が頻繁におこなう生けにえの儀式に嫌気がさしたからだという。殺生禁止のおかげで森の哺乳類はずいぶん助かったのではないか。イノシシには猪垣《いがき》またはシシガキと呼ばれる石を積み上げた壁で対抗したが、イノシシは頭が良くこんなものではダメだったろう。

オオカミは明治時代に絶滅したが、江戸時代までは森の生態系の頂点にいた。島根県西部の吉賀町の野生生物について聞き取りをまとめた『いのちの森－西中国山地－』（光陽出版社）には、こんな話が出てくる。「大昔のオオカミは人や家畜に危害を加えるようなことはめったになかった……むしろ恩義を知る偉い獣で、ある家で夜にオオカミが勝手口に現れて悲しい声でなくんで、戸を開けて足を見てやると食べたウサギの骨が足の裏に刺さっていたので抜いてやった。次の晩、そのオオカミがウサギを勝手口においていった」。

送り狼の話も出てくる。オオカミは「深山のシカがあばれんように守ってくれる神様で……日が短くなって、暮れて帰るとき、オオカミが庭先まで送ってくれることがあった」とあり、オオカミに好意的で害獣扱いしてない。オオカミは好奇心が強いのでついてくるが、襲うつもりはないという（図3-2）。

図3-2　送り狼（『いのちの森－西中国山地－』〈光陽出版社〉より）

地元の吉賀町教育委員会がまとめた「吉賀記を読む～歴史が語る～」という冊子がある。『吉賀記』は、江戸時代後期の1800年代のはじめに庄屋の尾崎太左衛門《たざえもん》が書いたものだが、生き物に関する断片的な記事を拾ってみると、「犬がタカにさらわれ、数日にわたり探したところがみつかりませんでした」とある。村の大事なイヌだったらしい。トビでは無理なのでイヌワシがいたということだろうか。また別の箇所には大杉の元に「サンショウウオがすんでいます」とある。オオサンショウウオのことだろうか。

ニホンカワウソは昭和10年頃までに全国でほぼ姿を消した。ここ高津川では大正10年頃まで生息していた。『いのちの森－西中国山地－』では古老からの聞き取りとして「田んぼがある川端のやぶの中にすんどって、……人間になじみのある獣じゃった」「巣穴は、川岸のやぶの中に立っているエノキなんかの根元にある。出入口はやぶの中と水の中の二つを持っていて、

図3-3　カワウソ（『いのちの森－西中国山地－』〈光陽出版社〉より）

うまい具合に使い分けとる」とある（図 3-3）。

私自身は河川生態系の頂点に立つカワウソを再導入してはどうかという気がしているのだが、そうは言ってもカワウソが棲める環境はもうないので無理かなとも思う。

(3) 人口拡大と森林

ここで図 2-2（P20）に示した人口拡大と治水工事の図を思い出し、歴史の流れを整理してみよう。治水工事を森林政策に置き換えて図を書き直してみる（図 3-4）。

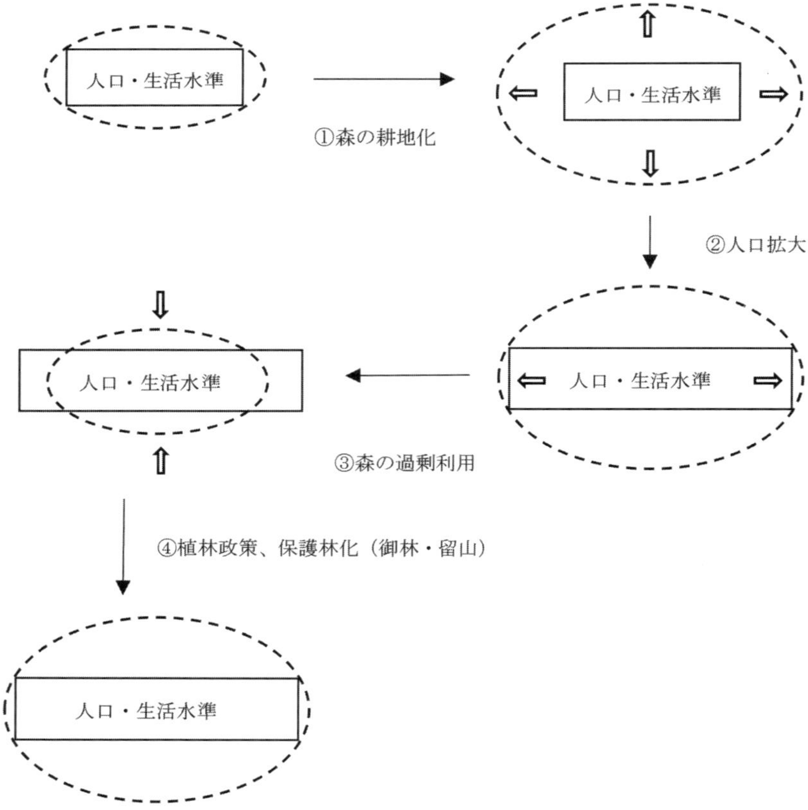

図 3-4　森林政策と森の耕地化、干魃の関係

文明の発達は人口・生活水準の上昇をもたらし、それに沿うように森が新田などの耕地に変えられてゆく。こうして環境収容力は増し、耕地の拡大は人口増加の方向に働く。一方、森は建材、肥料、燃料、食料の供給地なので森の耕地化は資源の減少をもたらし、人口増加を抑える方向に働く。森の過剰な利用が進めば、環境収容力の減少をもたらす。そこで、幕府や藩は植林・育林をおこない積極的に森をつくるとともに、立ち入り禁止にして森を守った。

(4) なぜ日本では森が残ったのか

タットマンは日本のように人口密度が高く、火山や地震で乱される国土では中国や地中海のように荒廃した国土になっても当然だったのに、なぜそうならなかったのか、と問うている。日本に緑が残っていることは、むしろ不思議なことなのだ。実際、歴史的には古代から近世、現代にかけて森が危機に瀕したことは何度もあった。ところが、いくつかの要因が重なって森は維持されたのだという。

理由の第一は生物的要因で、森を切ると広葉樹林になったことだ。広葉樹林は肥料・燃料などとして利用されるが、切り株から自然に再生する。第二に技術的要因で、昔は林業技術が低く、急斜面の深山に入って木を切り出すのが難しかったこと。第三に思想的要因で、山の木は宝であるという森林思想の発達があったこと。第四に制度的要因で、幕府、藩が御林など保護林をつくり、伐採を厳しく制限したことと、共有地をイエ単位に割り振ったことで持ち主は長期的利用を考え、収奪しなくなったことである。第五に生態的要因で、ヒツジのような下草を食べ尽くす家畜がいなかったこと、木材への需要を減少させたこと、人口を安定させたこと、収奪対象を海に広げたこと、などである。

(5) 戦後の森林

明治になって規制が緩み、再び森への収奪が強くなっていった。戦後になると戦災復興のために木材の需要がさらに増加した。そこで政府は思い切った外材の自由化に踏み切った。主要な農産物は最近まで価格を維持する政策がとられていたが、木材は違った。早くから市場に任せたのである。以降、外材の輸入量は増加し国内自給率は減少し、今では約35%となっている。木材価格も1970年代の後半には立木1 m^3当たり4万円したのが、今日では1万円となり、もうからない産業となった。近所にある神社では100年スギの立木があるが、道路のすぐそばにあるにもかかわらず売っても殆ど利益が出ないのだと関係者の人が話していた。若者は、こんなふうにもうからない上、危険で重労働の仕事に就くことはしないので、林業は尻すぼみとなっている。

戦後の林業政策で特記すべきことは、拡大造林政策である。1950年代から1970年代に至るまで、全国の山でスギやヒノキが植えられた。伐採地にも、何もなかった原野にも、広葉樹の雑木林もスギ・ヒノキ林に変えられた。こうして現在では森林面積約2,500万ha、そのうち天然林が約1,300万ha、人工林が約1,000万ha、残りが竹林などとなっている。天然林は5割、人工林は4割ということになる。日本は国土の7割を森林が覆っているので、緑豊かと言ってよい。しかも、切る人もいないので「森林飽和」していると言われる。普段、外の風景を見ていると緑豊かな自然が当たり前のように思ってしまうが、実は日本の歴史の中では希なことが起こっているのだ。川のところで見たように、図2-7（P33）を参照して、次の(6)では森の歴史的変化を文明的要因と社会経済制度的要因の両面から見ておく。

(6) 文明的な要因と社会経済制度的な要因

森の破壊は文明の発達による人口増加や技術の発達によって起こるということは、先に述べた通りだ。江戸時代までの森林破壊は、そのようなものとして理解できるだろう。

戦後の拡大造林と林業の不振は、反対に森の復活をもたらした。林業が市場制度の下に置かれたせいで林業が衰退し皮肉にも森が復活したと見てよいだろう。燃料革命で薪や炭がいらなくなったり、農業資材としての利用が減少したりと色々原因はあろうが、木材価格が自由化されたことが大きい。社会経済制度は森の環境を守るほうに働いたのである。

(7) 森の保護運動の歴史

江戸時代には熊沢蕃山《ばんざん》、佐藤信淵《のぶひろ》、秋田藩の釈浄因《しゃくじょういん》など多くの論者が森の保存を訴えた。明治時代になると、陽明学などの思想ではなく生態学に根ざした森林保護を訴える南方熊楠《みなかたくまぐす》が現れる。熊楠は「嫌いな人間がいると食べたものをはき出し、吐きかける」とか、大英博物館にいたとき、「自分を見下した英国人をはり倒す」などのエピソードから近代の三大奇人の一人と言われるが、その記憶力は驚異的で熊楠の記憶力にのみ焦点を当てた本もあるくらいだ。8、9才の頃から江戸時代の百科事典である『和漢三才図会《わかんさんさいずえ》』などを紙に書き写し何度も見たと言っている。そのまま丸写しではなく、選んで図とともに書くという抜き書きである。これは頭の中で編集しながら写していることになる。今日、授業ではプリントを配って空欄に書き込むだけというのも多くなったような気がするが、熊楠のような書き写し学習法もあってよいだろう。

19才でアメリカに渡り4年間滞在、フロリダ・キューバへ護身用ピストルを持って1年採集旅行をしたのち25才でロンドンに渡り、大英博物館で研究を続ける。ケンブリッジ大学に日本学部を創設し、そこに熊楠を助教授で迎えるという話もあったがお流れになった。植物学、動物学、民俗学、人類学、宗教学など膨大な知識を持っていた博覧強記の人で、言語は6～7カ国語を自由に操ったという。ただ、数学は苦手だったらしい。

熊楠が自然保護と関わるようになるのは、明治42年（1909年）神社合祀《ごうし》反対の論考を『牟婁《むろ》新報』という地方紙に発表してからである。神社合祀がなぜ自然保護と関係あるのか。明治時代には藩の規制が緩み、あちこちの山が伐採されやすかったという時代背景がある。神社には信仰もあって比較的自然が残されていたが、合祀によって廃止されたほうの神社の森は精神的に遮るものがなくなり難なく切られたのである。

熊楠はのちに田辺湾にある神島《かしま》（**写真3-1**）という古くから信仰の対象として守られてきた島の伐採を心配し、保存活動をおこなった。この島の神社も別の神社に合祀されていたからである。植物生態学的な調査もおこなった上で保安林指定にすることに成功、さらに天然記念物に指定された。

熊楠が保護の根拠としたことはいくつかあるが、斬新だったのは「学術上貴重だから」という理由付けだ。生物相互間の関係について調べるエコロジーというものがあるよ、と近代科学に基づいた保護を主張している。今日でも「学術的に重要だから」という理由で守られるものはある。しかし、果たしてそれだけで守る力が十分あるだろうか。実際、神島の森は小学校の改築費用捻出のために一部伐採されたのである。費用捻出、洪水対策のような住民の直接的で身近な利害が出てくると、簡単に保護論はかき消されてしまうのではないか。

写真 3-1　神島の森

(8) 保護か、開発か

川の場合、古代より開発一辺倒であったが、近年になり保護が主張されるようになってきた。森の場合も古代では伐採一辺倒であったが、江戸時代からは植林・育林がおこなわれるようになり、これは保護の側面もある。また、入会地では絶えず伐採がおこなわれたが、完全にハゲ山にしてしまうと燃料等が取れなくなってしまうので保護しなければならなかった。一方、耕地拡大は完全に森の破壊と言えるだろう。

保護か開発かのはっきりした対立が生まれるのは、明治時代になってからと考えてよい。神社合祀によって神島の森は小学校改築費用捻出のために一部切られたが、熊楠らの努力によってなんとか保護することができた。

戦後になると、都市近郊で宅地開発のため雑木林などがつぶされていった。南アルプス、白山などでスーパー林道をつくったために奥山が削られ、車の排気ガスで森が破壊された。国有林を切ってその場所にスキー場、ゴルフ場、ホテル、スポーツ施設などのリゾート開発もおこなわれた。ところが今日では経済環境の変化のせいなのか、地域開発の勢いは弱まっている。ゴルフ場反対運動など殆ど聞かない。今日では、社会経済的要因は自然に対してプラスに働いていると考えてよいだろう。

社会的共通資本			
原生林 社寺林	自然林 雑木林	人工林	非森林化（宅地、ホテル、スキー場）

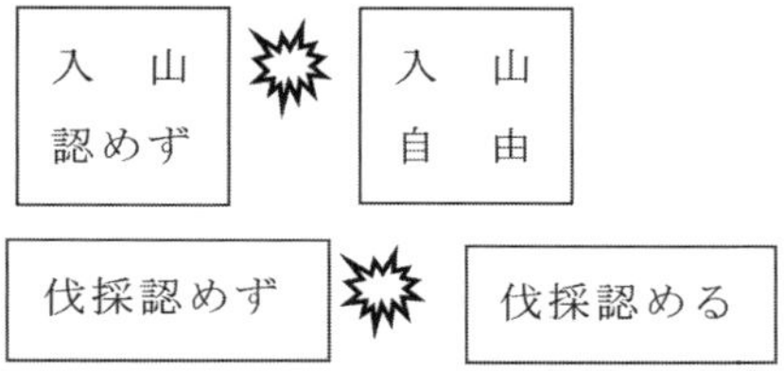

図 3-5　社会的共通資本としての森

ここで、再び社会的共通資本について考えてみよう。森を将来世代に残すべき社会的共通資本と考えよう。森とはどのような範囲までを言うのか。図3-5のように原生林、社寺林から雑木林さらには人工林まで木が林立するところは殆どすべてと考えてよいだろう。雑木林は歴史をたどれば入会地で、村人が共同管理して維持していたところである。人工林も拡大造林政策で、もとの自然林を伐採してスギ・ヒノキを植えたという意味では森の破壊かもしれないが、十分な管理がなされれば利益を生み森の機能も果たすという意味で共通資本に含めるべきだろう。これに対して守るべき資本と言えないのは、開発されて非森林化した場所ということになる。

森を守る立場の人たちの間にも対立はある。世界遺産に指定された白神山地では、原生林に人を入山させるべきでないとする立場と入山自由にすべきとする立場で対立した。伐採に関しても、原生林は伐採を一切認めず自然のまま放置すべきとする立場と伐採を含む一定の管理をしないとかえって原生林は維持することは難しいとする立場がある。雑木林や人工林は管理しないと荒れてしまうという点で一致している。全く人の関わりを排除する考え方を「保護」といい、適切に利用してゆくべきだとする考え方を「保全」と呼んでいるが、この両者の考え方の対立と言っていいかもしれない。

森を守るのは熊楠が述べたように、まず原生林・社寺林のような学術的価値のためだが、それだけでは十分ではない。二酸化炭素の吸収源として働くこと、洪水・災害防止機能、レクレーションの場所としての機能、生物多様性を保つ機能など、社会的共通資本として多くの内容を抽出し、これがどうしても失われてはならないから守るのだ、という枠組みをつくってみよう。その上で、今日の世代が望む身近な地域開発、防災工事、ダム工事などに対置させ、両論を検討するのである。

2節　森の植生

森の生態を知るにはまず、植物の生態から見てみる。次に森の動物を取り上げ、最後に森里海の関連で物質循環を取り上げる。

(1) 森の色々

原生林と天然林は違うのだろうか。二次林と雑木林はどうだろう。日常的に出てくる様々な森について言葉の整理をしておこう。

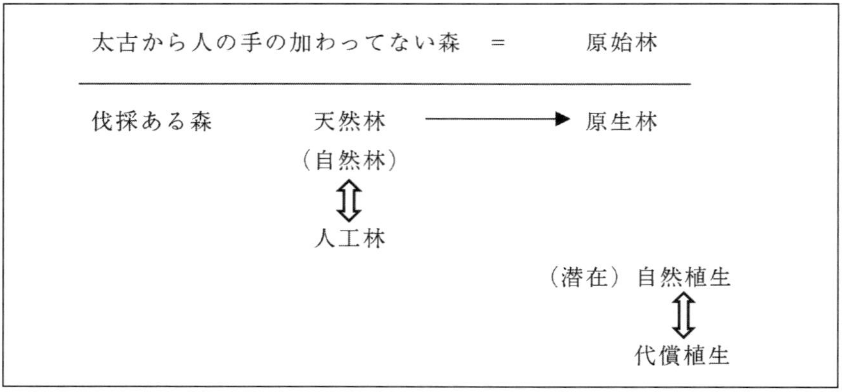

図 3-6　原始林、天然林、原生林など

天然林（自然林）や原生林と言えば、昔から人の手が加わっていない森を想像するが、必ずしも正しくない。これはスギ・ヒノキなどの人工林に対する言葉で「人の手で育ってない森」という意味だ。その結果、出来上がる森が原生林である。太古の昔から人の手が加わってない森は原始林という。しかし、原始的に見えるアマゾンの森もかつて切り開かれ、多くの人が集まって汚い水が流れていたという記述が残っているくらいだから、日本の森で人の手が加わっていない原始林というのはありそうにない。天然生林というのもある。これは天然林のように伐採後種子や切り株から自然に再生した場合と、人が間伐《かんばつ》などの補助作業をして原生林に戻してゆく場合が含まれる。白神山地で原生林を保存するには伐採を含む管理が必要とするのが、後者にあたる。しかし、天然生林はほぼ天然林と同じと考えてよいだろう。

（潜在）自然植生というのもある。伐採の場合でも自然災害で植生が失われた場合でも、人の手を加えず放置しておけば、やがてその気候や土壌条件に適した植生が生育し、おおまかに言って日本の暖温帯ではシイ・タブ・カシ林、冷温帯ではブナ・ミズナラ林の原生林が出来上がると考えられている。自然植生が森とは限らない。高山ではお花畑となる。これに対する言葉は代償植生で植生遷移の途中であることを示す（図 3-6）。

では里山はどうなるか。植物生態学で定義された用語ではないが、該当するものとしては二次林が最も近い。原生林が伐採・山火事等で失われた後に再生している自然林を指す。古来、入会地として人々が利用してきた場所である。雑木林とも言う。原生林伐採後だから代償植生であり、スギ・ヒノキなどの人工林ではないので天然林（自然林）である。つまり、里山＝二次林＝天然林ということになる。今、日本には森林が 2,500 万 ha あり、国土の約 7 割を占める。『里山資本主義』（角川書店）という名著がある。これを「二次林資本主義」と言ったのではさっぱり意味が通じない。「里山」には生態学以外の豊かな意味が含まれている。もう一度、天然林とは人の手の加わっていない森のことではないことを確認しておく。

(2) バイオーム、自然植生

高校の生物基礎ではバイオームについて習い、その中に照葉樹林（常緑広葉樹林）、夏緑樹林（落葉広葉樹林）が出てくる。

島根県西部の高津川流域では川の上流部に 1,000 m を越える山があり、山の頂上あたりが夏緑樹林、高津川上流部、中流部の低地は 500m 前後で、このあたりには中間温帯林、下流部は照葉樹林がある。中間温帯林というのは名前の通り照葉樹林と夏緑樹林の間に出来る植生で針葉樹のモミ・ツガを特徴とする。『図説日本の植生』（朝倉書店）では太平洋側だけに分布することになっているが、この柿木村（吉賀町の旧名）の村誌では、図 3-7 のようにモミ・ツガの中間温帯林が分布することが示されている。このことは上流部に住んでいる自分の実感と一致している。照葉樹林の特徴であるタブやシイは見かけないし、かといって夏緑樹林のブナやミズナラも見かけないのだ。自然植生が多く残っている神社などで観察する際には注意したいところだ。

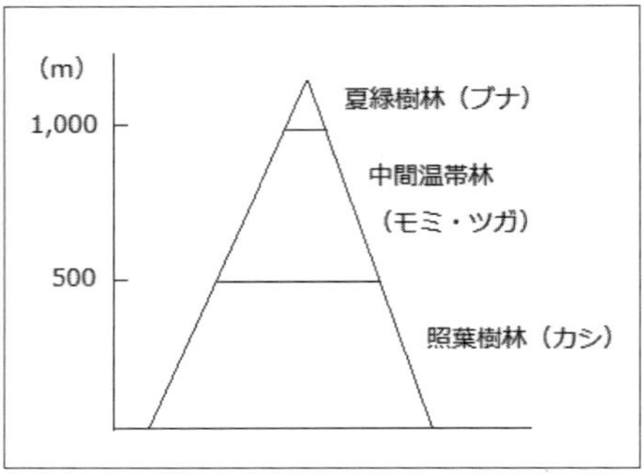

図 3-7　吉賀町の垂直植生帯（『柿木村誌 第 1 巻』〈柿木村〉より）

本書は野外でフィールドワークをおこない、課題・テーマを発見することを目標としているので、森というフィールドで何ができるのか活動例を考えないといけない。まず、高津川中・下流域では潜在自然植生の残る神社、お寺の森を観察しシイ・タブ・カシなどの代表種を確認する。私の住んでいる上流域ではモミ・ツガ林が代表種であるので、神社では見かけない。

多様性に注目したフィールドワークもあるだろう。神社などの照葉樹林が割と多く残されているところを観察し、植物を図鑑等で調べ、二次林、スギ林等と種数を比較する。難点は、植物の名前がよくわからないことだ。田開らは、木の葉をスキャナーで取り込むとおおまかな種類を教えてくれるアプリケーションを開発している。このようなアプリは学習活動の幅を広げてくれる。

生態学の教科書に、シンプソンの多様性指数Ｄというのがある。これを使った学習だと、もう少し深い学習になるかもしれない。これは、ある場所ではＡ種 10 本、Ｂ種１本、Ｃ種１本、別の場所ではＡ種３本、Ｂ種３本、Ｃ種３本であったとき、どちらも種数は同じで３だが多様性は直感的に後者のほうが大ということになるので、このことを考慮したものだ。次の式で計算する。

$$D = 1 - (p_1^2 + p_2^2 + p_3^2 + \cdots\cdots)$$

p_1 は調査地の中に占める植物1の割合を示す。1種類しかないとD＝0になる。ただ、植物が10種あり、各種とも1割だとすると、D＝0.9となる。1カ所に10種以上は普通のことだと思われるので、観察結果はみんな0.9付近ということになるかもしれない。多様性の基準はどこだろう。

潜在自然植生を調べて植林活動をするというのもよい。宮脇昭の一連の著作が参考になるが、『三本の植樹から森は生まれる』（祥伝社）が最も具体的でわかりやすい。方法も簡単だ。ドングリを拾ってきて、水に浸し、大きめのポット苗にする。植え付けるところはどこでもよいが、ここで知恵を出して町の緑化も考える。このような活動の中からテーマを見つける。

(3) 二次林

いわゆる雑木林がこれに当たる。竹林などとともに住居にも学校にも近い距離にあり、フィールドとしては便利なところである。古来、人が利用してきたところで、炭窯跡があったり、石垣が残っていたりするのだが、近年は人が利用しなくなりネザサなどが生えて藪となっている。林業関係者、そして生態学者の本でも「人が利用しなくなって森が荒れている」と表現している。これは生徒にはわかりにくい表現だ。人が利用しないのなら雑木林は自然度が増してゆくと考えられる。それを、利用しないから荒れる、というのは矛盾しているように感じられるのだ。これは、人側の都合から見て表現した言葉である。森が“藪”になっていることには違いないが、やがて本来の森に戻ってゆく点も正しい。

活動例として色々とアイデアが出そうだが、その一つは竹炭つくりである。昔授業でおこなったが、木でなく竹だと半日くらいで焼き上がる。方法は半分だけ開けた一斗缶に生の竹を入れ、煙の出口と竹筒をつなぎ、土をかぶせて窯らしくする。入口で火をたき、1時間程度加熱したのち土でフタをする。白い煙が透明になったところで出来上がったと判断する。出来上がったのを出してみると生焼けだったり灰になっていたりと様々だが、これを消臭剤にして冷蔵庫で使ったり、水槽の浄化剤にも使える。授業の中では竹切り、加熱の初期の段階までやってもらう（**写真3-2**、**写真3-3**）。

コナラやクヌギは雑木林の代表種である。シイ・タブ・カシといった照葉樹の森は暗くておもしろみがないという意見があれば、雑木の森を再生するという手もある。コナラは1月頃、道路際にあるコナラの木の下に行ってみると、すでに根を出しているドングリがあるのですぐわかる。これを集めて苗をつくり、竹を切って苗の容器としている（**巻頭カラー P2 参照**）。中には畑の土を入れている。手間をかけないようにするには、ポット苗用のビニールの容器と腐葉土を買ってくればよい。

写真 3-2　一斗缶を窯に、竹を煙突にする。

写真 3-3　竹炭でかざりや消臭剤をつくる。

クヌギはやや大きい丸い形をしている。他のドングリと混ざっていると区別が難しいが、図鑑を頼りに良さそうなものだけ集める。森の中ではわかりにくいので、コナラと同じように舗装道路際で集める。4月頃から根を出し始め、5月頃から葉が出る。

一般にドングリ類の発芽率はいいようだ。また、『三本の植樹から森は生まれる』では事前に30時間くらいドングリを水に浸けて虫を窒息させるとあるが、面倒くさいのではじめから丈夫そうなドングリを選んで、水には浸けずそのまま植える。難点は苗の成長に1年かかることだ。今年蒔いたドングリが苗になり植え付けるのは来年なのだ。2年がかりの授業でなければこれを見届けることができないので、工夫が必要となる。

(4) キノコ

キノコの観察もおこなえる。雑木林の中では年中何らかのキノコが生えており、ないということはないが、生徒はシイタケのような形をした典型的なキノコがないとおもしろくないようだ（**巻頭カラー P2 参照**）。キノコは梅雨時と秋に多く見られる。

キノコを含めた菌類は森の分解に重要な働きをしており、森から出た無機栄養は森里海のつながりを考える上で重要な要素であるが、あまりなじみがない。キノコについて少しまとめてみた。

キノコはその生活の仕方から見て菌類の中の子のう菌と担子菌というグループに分類されるのだが、腐生型キノコと共生型キノコに分けられる。ここでは生活の仕方から見る。腐生型はさらに倒木や切り株などを分解するキノコ（シイタケやナメコなど今日の多くの栽培キノコがこれに含まれ、木材腐朽菌《ふきゅうきん》という）、落ち葉を分解するキノコ（落葉分解菌という）、動物の糞を分解するキノコ（糞生菌という）に分けられる。共生型のほうは樹木の根と共生するマツタケのようなキノコ（菌根菌という）、アリなど動物と共生するキノコ（動物共生菌という）、セミやガなどの幼虫に寄生する寄生菌（冬虫夏草という）などに分けられる（**図 3-8**）。

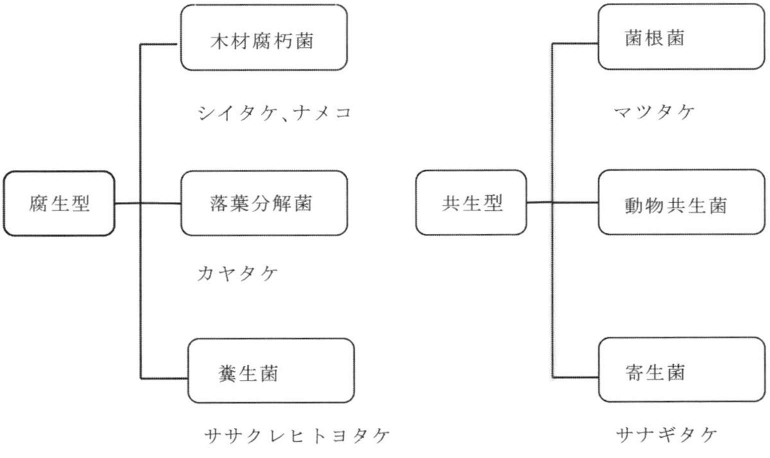

図 3-8　キノコ類の生活型による分類

森林の物質分解には昆虫やミミズ、細菌など多くの生物が関わっている。キノコの場合はどれほどの働きをしているのだろうか？ スギなどの切り株は分解されるまでに20年くらいかかるが、一般に倒木などが分解するには数十年を要すると思われる。木材の成分にはセルロース、リグニンといった難分解性の物質が含まれており、なかなか分解しない。キノコはこれを分解する酵素を出す。ばらばらにされた木材は、同じくばらばらにされた葉っぱや糞などと共に、最終的には細菌によって無機物にまで分解される。無機物は土の中に保存されたり植物によって利用されたり、雨などで流出し、川や海へと運ばれる。こうして、キノコは森から海への物質循環の一翼を担っているのだ。

その他、キノコに関して色々な話題がある。環境中に放出されたダイオキシンの除去は難しいが、木材腐朽菌の一種がこれを分解しているらしい。原発事故から放出された放射性セシウムが降り注いだ森林でも広い面積の土の除去は難しいが、キノコがこれを吸収し体内に保持していることもわかってきた。

キノコは山がちの高津川流域では有望な産業でもある。鹿足郡吉賀町では「エポックかきのきむら」が菌床センターなどを設置して、シイタケ生産を復活させた。益田市匹見町の「中村なめこ生産組合」では、ナメコ生産に力を入れている。

キノコの中でも興味を引くのが、冬虫夏草と言われるグループである。昆虫のガやセミ、甲虫などの幼虫に侵入し、幼虫が弱って死ぬと、体からキノコが生えてくる。この中には漢方薬として重宝されているものがある。鹿足郡津和野町にある「にちはら総合研究所」ではカイコに菌を注入し、ここから生まれる菌体を漢方薬として販売しているが、近年ではベトナムなど海外にも販路を拡大している。

キノコ観察の難点は、植物と同じで名前がわからないことだ。島根県では中山間地域研究センターに専門家が在職し、メールで写真を送ると判定してもらえる。しかし、野外で見かけるキノコをいちいち問い合わせるわけにもいかず、図鑑を入手しての自助努力も求められる。誰か、同定アプリを開発してくれないだろうか。キノコの観察からどんなテーマを見つけるか。模索中である。

(5) スギ・ヒノキ林

写真3-4　枝打ちしてないヒノキ林。草は生えてないが表土は流出していない。

戦後の拡大造林政策以来、植林地は増えた。谷筋の道もついて歩きやすいところは、スギだらけとなっている。ヒノキは尾根筋のやや乾いたところに多い。林業の低迷もあって植林地は放置されている。台風や大雨に遭って倒れたスギが林内に乱雑に転がっており、これも「荒れた」と表現される。枝打ちなどの手入れをしないスギ・ヒノキ林では下層に光が届かず、下草が育たないので雨で表土が流されているとも書籍には書かれている。一般的にはそうなのかもしれないが、これはどうも自分の実感とは違う。確かに手入れのないスギ林内は暗く、下草もないのだが、表土が流出しているという感じではない（**写真3-4**）。書いてあることをそのまま鵜呑みにするのではなく、自分の所ではどうなのかと確かめてみるのは必要なことだ。

雑木林と比べて植物も動物もいない殺風景な林内に、貴重な植物があったりもする。神社のそばのスギ林ではエビネが見られる。人が入らないからだろう。暗い林内であることが良い条件のようだ。

活動としては何が考えられるだろうか。植物を探す他に、分解が遅いと言われる針葉樹の葉っぱと雑木林の広葉樹の葉っぱで分解に違いがあるかどうか、スコップで掘って見たときの腐植層と土の厚みはどうかなどだろうか。また、間伐をしないスギ林では「つまようじのような木が密に生えている」という実態を確認するのも良い。

3節　森と動物

森の哺乳類は純粋な自然観察の対象としてもおもしろいが、農林業の害獣としての観点も必要である。イワナやヤマメなどの魚が砂防ダム等で移動が妨げられていることも問題にしなければならない。

(1) 動物は本来どこに棲むか

高津川流域に生息する哺乳類ではツキノワグマ、ニホンザル、イノシシ、ニホンジカ、キツネ、タヌキ、ヤマネ、モモンガ、ムササビ、ホンドイタチ、テン、アナグマ、ノウサギ、カヤネズミなどのネズミ類、モグラ類、コウモリ類など、数え上げてみると結構いることがわかる。田舎に住んでいても日中は殆ど出会うことはないので、あえて思い出してみなければいることすら忘れてしまう。かつていたニホンオオカミやカワウソは、病気または狩猟のため絶滅した。オオカミやカワウソは森林や川の食物連鎖の頂点に位置する動物なので、生態系を考える際には重要だ。ニホンリスはこの地域にいるかもしれないが、目撃情報がない。

森と里には産子数によって棲む野生動物が決まるようだ。ここで森は人の立ち入らない奥の山、里は田畑のあるところと家の裏にある里山と考えよう。クマのような体の大きな動物はたくさんの食料を必要とする。畑や里山に自然の食べ物は少ないし、かといって作物を大量に食えばすぐに人に追われる。畑や里山では人に捕獲されやすいので、産子数の少ない動物は捕獲された後に個体数を回復しにくい。従って、体が大きく産子数の少ない動物は奥山で生きていた。クマ、シカ、サルがそれに当たる。一方、多産な動物は、捕獲されてもいくらでも増えるので里山向きだ。イノシシ、タヌキ、キツネなど多くの動物が該当する。これを図示すると**図 3-9** のようになる。これを見ると、里・里山向きの動物が多いことがわかる。ヤマネ、モモンガは産子数からすると里山向きだが、森・奥山に棲む。イノシシは体が大きく、よく目立つが、多産であるため、捕獲されても里や里山で数を減らさないでいる。それとイノシシは意外に賢く、なかなかわなにはかからない。

最近、林業、農業で有害鳥獣として取り上げられるのはクマ、シカ、サル、イノシシである。いずれも体が大きいので被害が大きい。本来森・奥山向きのクマ、シカ、サルが里に出てくるようになったのはなぜだろうか？ 理由は簡単で、里の人口が減り脅威が減ったからである。高津川流域の5割は針葉樹林で森にいてもエサは少ないが、里には柿・栗など果樹や農作物があり、人がいないのだから出てくるのは当然だ。クマ・シカ・サルは人間との関わりにおいて森・奥山向きであるが、本来はどこにでも棲める動物なのかもしれない。

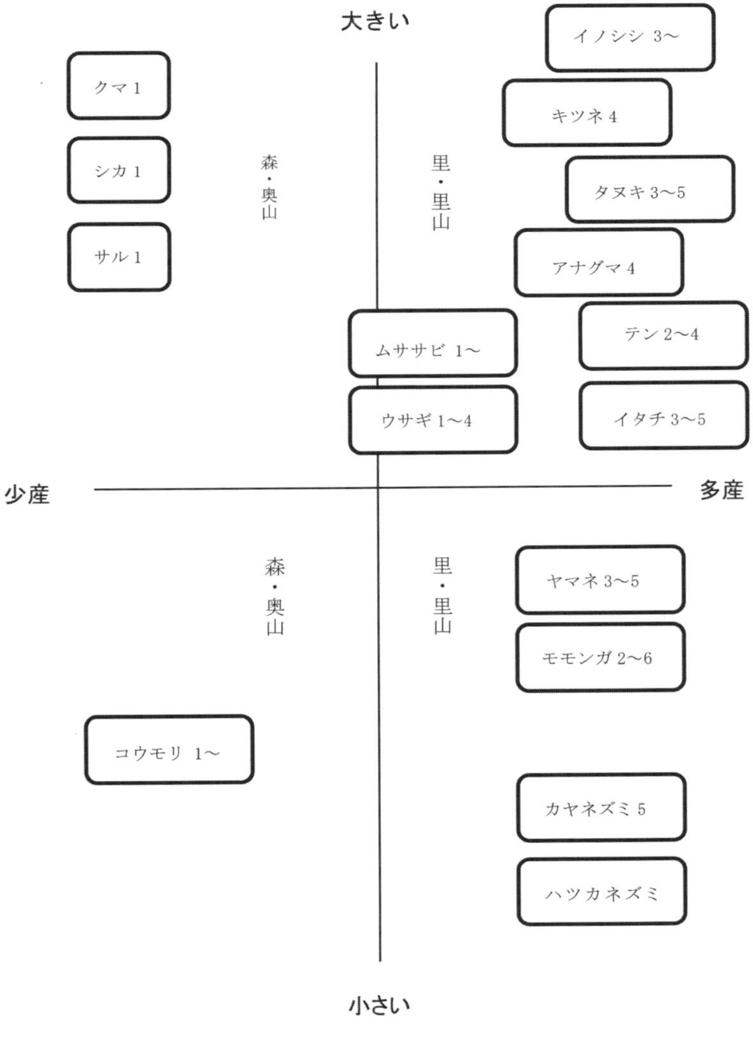

図3-9　体の大きさと産子数から見た森・奥山と里・里山の動物
（数字は1年あたりの産子数）

ツキノワグマはいなくてもよいという人もいる。町役場の防災無線で「〜にクマが出ました。付近の方は注意して下さい」とたびたび呼びかけがあるので、このときはクマが近くにいるんだなという実感がある。果たしてクマは必要のない、有害な動物だろうか？ 森の中で一定の働きをしているとする研究もある。それはこうだ。クマはサケを取る。食べ残しは鳥や他の動物のエサとなる。やがてサケの成分は糞として森に散布され植物の利用するところとなる。栄養分の下流から上流への移動に貢献しているのだ。次に、クマが食べた果実類の種は糞の中に混じり広範囲に散布される。多くの種類の果実を食べるので、森の生物多様性を増すことに貢献していることになる。意義は認めるけれども付近に出て被害が出たらどうするのか、共存は無理だ、という考えもある。どうすればいいのだろうか？ まだ答えの出ていない検討課題だ。

侵入種も目立つようになってきた。川で見かけるヌートリアはよくカワウソと間違えられたりするらしいが、高津川上流部でも見られるようになってきた。アライグマは益田市で確認された後、個体数が増加している。同時に農作物への被害も見られるようになってきた。いずれも平野部の人工的な環境で増えているようだ。今後、森深くまで入っていくだろうか？

(2) クマ、サル、イノシシ、シカ対策

ツキノワグマは、高津川のある西中国山地では孤立個体群となっている。今300頭〜400頭ということだ。種の維持のためには少なくとも500頭必要だということなので、絶滅が心配される個体群に指定されている。クマを直接観察するのは難しいが、里に下りて木に爪跡を残すことがある（**写真3-5**、**写真3-6**）。学校の近くの人が教えてくれた。冬にもかかわらず冬眠しない個体がおり、まだ残っていた柿を食べに来たらしい。

町には野生鳥獣対策の専門家・金澤紀幸氏が常駐している。この人を授業に呼んでお話を聞く機会があった（授業当時は島根県西部農林振興センター在職）。ところが、なんと、その日朝早くわなにかかったクマを持参して授業に来てくれた。捕れたてのほやほやのクマだ（**写真3-7**、**写真3-8**）。授業後、奥山に放たれた。

写真 3-5　1 月まで残っている柿の実

写真 3-6　クマの爪跡

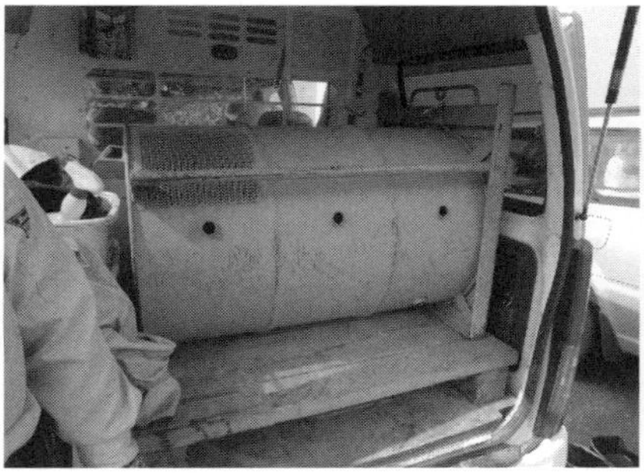

写真 3-7　クマのわな

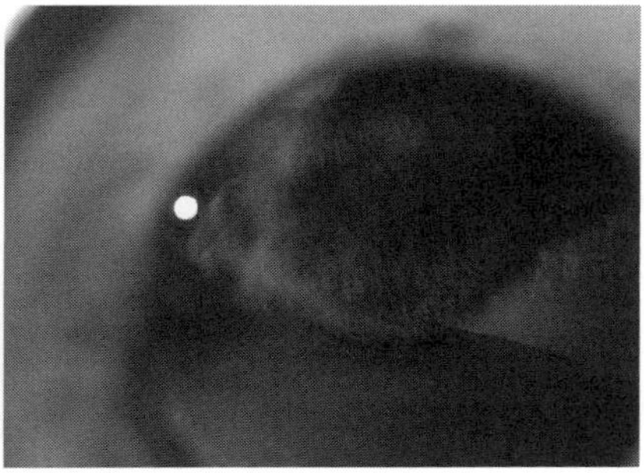

写真 3-8　クマの手

サル、イノシシも近づいて見ることはできないが、動物カメラを使って生態を見ることはできないか。私自身は、牧場に夜な夜な現れるイノシシを動物カメラで撮ったことがある。イノシシがウシの近くにいる。ある研究によると、イノシシはウシを避けるのでイノシシよけにウシを放牧するのも一つの考えだとあるが、ここでは仲良く共存しているのではないかと思った。動物カメラにはイノシシの他、キツネ、タヌキ、テンなども映っている。学校の校庭にウサギの糞が残っており、存在が確認できるのでこれらも観察対象になるだろう。

イノシシ被害について考える授業をおこなったことがある。益田市二条地区で、イノシシ対策に取り組む竹田尚則さんと竹内知江子さんを招いて、対策の現状とわなの扱い方法について学んだ。竹田さんの話では、農業従事者は被害があるとすぐ殺処分せよと言う。まずは柵による耕地への侵入防止を目指し、最後の手段として駆除したいとのことであった。最後に、竹内さんから「女性の立場から皆さんに聞いてみたいことがあります。野生動物を殺処理することについてどう思いますか？」との問いかけがあった。有害獣だが命がある。竹内さんの抱えるジレンマについて率直に話をされた。

竹田さんの取り組みでは、まず住民にイノシシの出没情報を知らせてもらい、地図にイノシシのシールを貼ってゆく。こうするとこの次はどこら辺に出るか予測できるようになるという。そこに先回りして柵を張る。こうすることで実際に被害を減らすことができ、住民の意識も高まったとのこと。

「次はどこら辺」の予測に何か道具は使えないか。もしかしてGoogle Mapsで表示すれば手間が省け、近所の人が簡単に見ることができるのでいいので

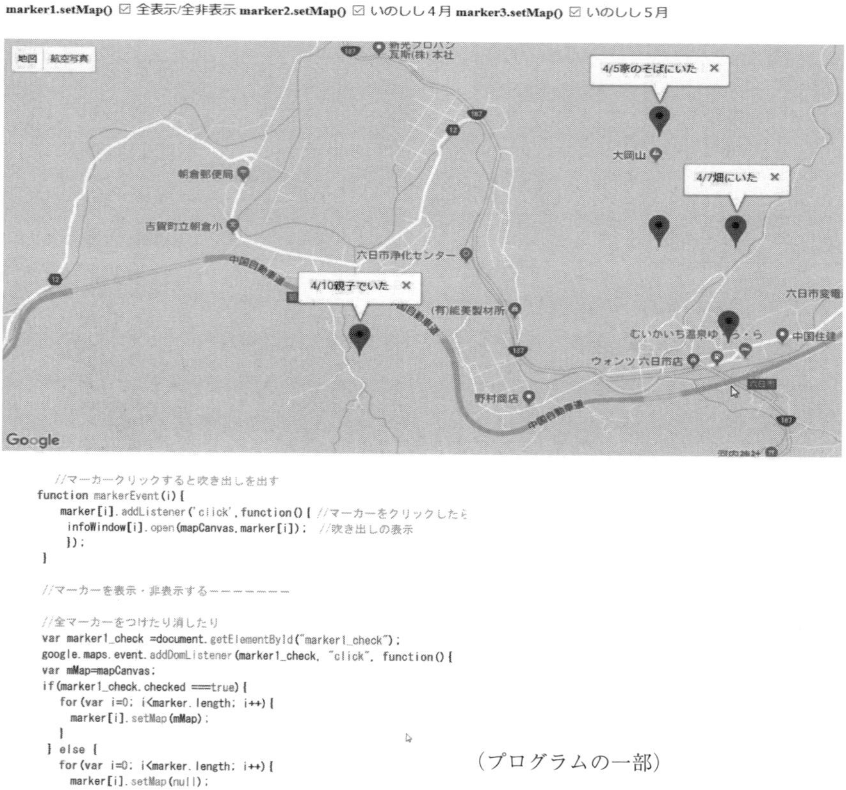

（プログラムの一部）

図 3-10　Google Maps API で位置を表示

は、と考え取り組んでみた。なにしろ素人なので数ヶ月プログラムと取り組んでやっと初歩的なものができることはできた（図3-10）。さらに月ごとの移動や経年変化など表示できたらいいなと思ったが、これ以上は能力的に無理だ。あとはプログラムに詳しいパソコン好きの生徒にお任せしたい。

シカは最近この辺りで見かけるようになった。もともとシカは棲んでいた。鹿足《かのあし》郡、奇鹿《くしか》神社のように地名にも残っているし、吉賀町という地名も「悪《あく》鹿《しか》」から転じて「吉賀《よしか》」になったそうだ。赤谷という地名もある。これはシカを槍で突いて捕獲したときに谷が赤く染まったからだという。狩猟のためシカはいなくなってしまったが、最近になって広島県側から県境を越えて少しずつ侵入しており、農作物や森林への被害が心配されている。さて、ここで一つの課題・テーマが生じる。野生鳥獣対策の専門家の人からも生徒に投げかけられた問いだが、シカの侵入は自然の復活と考えるべきか有害獣の侵入と考えるべきか。

オオカミとカワウソは明治、大正の時期に絶滅した。オオカミとカワウソはそれぞれ森と川の頂点に立つ生物であった。この頂点の生物を復活させることで生態系本来の姿を取り戻すことはできないだろうか。先入観に縛られず、検討してみる意義はあると思う。例えば、『オオカミが日本を救う！』（白水社）の中で、丸山は中国地方の住民から「中国地方ではオオカミの復活に向いていないのでしょうか」と訊ねられ、「もちろん問題なく、大丈夫です」と答えている。そもそもオオカミがいなくなったせいでイノシシ、サル、シカの増加が起こっているわけで、ジビエや柵設置などは所詮対症療法に過ぎない、これでは問題は解決しないと言っている。氏はカワウソについても再導入すべきと述べている。しかし、カワウソ専門家・安藤元一は『ニホンカワウソ』（東京大学出版会）の中で「再導入には準備や組織などいくつもの課題があり再導入は簡単な仕事ではなく、漁業や交通事故など色々問題があり大変だろう」と悲観的だ。

昨年、長崎県の対馬でカワウソが発見されニホンカワウソかと思われたが、どうも韓国から泳いで来たものだった。氷河期になったらまた渡って来るのだろうが、それまで待つべきか？　フランスでは「オオカミプロジェクト」というのがある。日本でも「オオカミプロジェクト」「カワウソプロジェクト」があってもよさそうな気がする。再導入の可能性について検討してみるとよい。

(3) ヤマメ・ゴギ

渓流魚を森の動物に含めて考える。高津川の上流部にはサケ属のヤマメとイワナ属のゴギが棲んでいる。ヤマメの中にはサケのように海に下って成長し、大きくなって帰ってくる個体があり、これをサクラマスと呼んでいる。ゴギにはこのような個体が存在せず、完全に渓流で閉じた生活をしているので陸封型という。ゴギはイワナ属4種類（エゾイワナ、ニッコウイワナ、ヤマトイワナ、ゴギ）のうちの一種で、西中国山地を中心に分布している。

エゾイワナの中には海に下って成長し、川に帰ってくるものがあり、これをアメマスといっている。北海道では河川工事によって川を下ることができなくなってしまったアメマスが河川に閉じ込められて何代も生きているという。ゴギのように「陸封型」にされてしまったのだ。このように、イワナの生活史には海に下るタイプもあれば川でずっと生活するタイプもあるというふうに柔軟性があるわけだが、ゴギはこの柔軟性をまだ遺伝子として残しているだろうか。高津川では昔から“カイオ”と呼ばれる降海型のゴギがいると言われてきた。現在でも時々中流域でそれらしき魚が釣れるが、カイオではない。この話は単なるうたかたの幻に過ぎないだろうか。実験的に調べるとおもしろいかもしれない。

近所に趣味でヤマメを養殖している人があって、6匹もらい受けることができた。これを使って授業で何かできないかと思案していたところ、ちょうどマイクロプラスチックによる環境汚染のニュースをやっていたので、これと関連付けるような実験観察をおこなってみた。ヤマメやゴギは貪欲である。ヘビでも食べると言われている。そこで、小さくちぎったプラスチックを水槽に浮かべ、ヤマメがエサと間違って食べるかどうかを生徒に調べさせた。

1週間後にヤマメを解剖して胃の内容物を調べるとびっくりするくらい飲み込んでおり、腸への出口に詰まっていた。これでは固形物が腸に流れないであろうと思われた（巻頭カラー P2 参照）。水田などにはビニール、プラスチックの廃棄物が投げ捨てられており、時間とともに劣化してちぎれ、川に流れる。カワムツやオイカワなどでも調べてみるといいかもしれない。

森里海のつながりで考えれば、上流域の堰堤や砂防ダムは魚の移動の妨げとなるので問題である。高津川上流域は昔からワサビの生産地だったので、山の奥に入ると砂防ダムは至る所にある。ワサビ田は放棄され、山道も藪になっている。山に入る人も殆どいないので、これら砂防ダムの現状がどうなっているのかわからない。砂防ダムの実情を調べることも一つの課題となる。

4節　森の物質循環

森の物質循環を考えることは「森里海の環境教育」にとって重要なテーマの一つである。ただ、実験や観察対象として取り組むにはやや難という感じもする。何か方法はないだろうか。とりあえず水の循環、次に窒素やリン、微量物質の動きについて見てみよう。

(1) 水

水は降雨によって森にもたらされるが、約6割は蒸発により失われ、表層水あるいは地下水の形で河川に出てくるのは約4割である。森には「緑のダム」と言われるように保水機能がある。ふかふかの土壌には水が蓄えられ、時間が経つにつれて徐々に流れ出してくる。このことは洪水調節にも役立っていると考えられ、コンクリートダムではなく、緑のダムすなわち森を豊かにすることによって洪水への対処を考えるべきだとの意見がある。これまでの研究では人工林であろうと天然林であろうと地面に落葉・下草があり、土がスポンジのような状態であれば洪水調節機能はあるようである。人工林だからダメということではない。また、洪水調節機能も無限にあるわけではなく、大雨であると当然、森の能力を超えてしまう。

森は徐々に水を出してくるので渇水に対して有効な働きをするが、夏の渇水時には森自身も水を必要とし、流出する量は減る。私の家では小さい谷から水を取っており夏でも冷たい水が出てくるが、盆頃になると一時的に止まってしまうのでこの話は頷ける。

緑のダム論争があった。コンクリートダム支持派は「森の貯水機能も数式モデルには組み込まれているし、戦後の森林放置によって今は『森林飽和』しているので森のダム機能は十分機能しているはず」と言う。これに対しコンクリートダム反対派は「ダムを造るに当たって基準となった森の保水機能はハゲ山であった時代の数値を用いており、森の保水力の過小評価に基づいてダムの必要性を説いている。よってきちんと森の保水力を正しく測定して評価すればダムは要らないことになるはず」と言う。まだデータが足りないということか。

(2) 窒素

窒素は植物の重要な栄養であるが、空気中の窒素を利用できない植物が殆どなので、微生物に空中窒素の固定をしてもらわないといけない。このため自然界で窒素は不足するのが普通である。

一方、森林中の落ちた枝や落ち葉、倒れた樹木は土壌動物や微生物によってゆっくりと分解されてゆく。落葉についてやや詳しく見てみよう。落葉の分解は溶脱、不動化、無機化という3つの段階を経る。リターバッグという網の袋に落下した葉っぱを入れて放置すると水によって葉っぱの成分が溶け出るので、翌春までに80%くらいまで重量が減る。次に、残された部分は土壌動物や微生物によって分解され土壌中に栄養塩類が出てくる。これをまた微生物が取り込んで生体内にため込む。これを不動化という。微生物が死ぬと栄養塩が流れ出し、この時期になって初めて植物は窒素分を利用できるようになる。この時期を無機化という。有機物の分解によって最終的には腐食と呼ばれる黒褐色のものが出来るが、この中には腐植酸、フルボ酸、フミン酸などが含まれる。腐食はきわめて安定で、森の土壌中で1,000年以上も存在するらしい。

物質の変化を実験するのは大変難しそうだが、リタートラップという落ち葉や枝を集める方法で分解に回される植物重量がどれくらいか測定したり、リターバッグに葉っぱを入れて重量の変化を見るといったこともできるかもしれない。土壌動物を使って分解を調べるというのも考えられる。そこで得られたデータから、山や森全体の分解量推計をおこなうというのはどうだろう。

幹や葉っぱの分解にはキノコ類も貢献している。特にセルロース、リグニンは微生物にとっても分解の難しい物質であるが、これを効率的に分解するキノコが存在する。木材腐朽菌がそれだ。シイタケ、ヒラタケ、エノキタケなどスーパーで見かけるキノコは木材腐朽菌である。キノコはあまり気づかれないことが多く、“見れども見えず”なのだが、森の物質循環に果たす役割に注目した実験など考えられないだろうか。

森林伐採がおこなわれると硝酸態窒素の流出が高まることが知られている。しくみはこうだ。森では窒素分をめぐって植物と微生物が綱引きの取り合いをしている。木が切られると微生物の競争相手がいなくなり、微生物がもっぱら利用するようになる。微生物の中にはアンモニア態窒素を硝酸態窒素に変える硝化細菌がおり、これが硝酸態窒素をつくり出す。アンモニアはプラスに帯電しているので土壌に吸着されやすいが、硝酸イオンはマイナスなので水に溶けて流出しやすい。このときカルシウムやカリウムイオンなども一緒に流出するらしい。こうして河川中での窒素濃度が上昇するのである。硝酸態窒素の50%から80%は、河川を流れる間に植物に取り込まれるらしい。それならば藻類などにも取り込まれるだろう。これをエサとするアユの重量が増すのではないか。今、再生エネルギー買い取り制度のおかげでバイオマス発電所が各地に出来ているが、高津川流域でも伐採業者の森林伐採が活発になっている。アユの重量と関係があるか、Google Earthを使えば伐採面積を大まかに計測できるので、これらを関連付けて何かできないか。

窒素については本来不足する物質であるが、近年はむしろ「窒素飽和」が問題となっている。原因は工業的な窒素固定によってつくられる窒素肥料が大量に生産され、耕作地に撒かれていることや、自動車・工場から窒素酸化物の形で空中に放出され森林に降り注いでいることにある。工業的な窒素固定量は自然界で細菌がおこなう窒素固定と同じくらいになっているので、それだけでほぼ倍に増えたことになる。窒素が多すぎると、酸性雨、湖や海の富栄養化の原因となり、窒素酸化物は温暖化の原因物質ともなる。また、多窒素状態に適応した植物が増え、他の植物を圧倒して種の多様性を減少させることも知られている。

(3) リン

リンは窒素と並んで希少栄養物質である。植物にとっては手に入れるのがなかなか難しい物質なのだ。従って、湖・ダムや海ではリンや窒素が増加するとその分だけプランクトンの増加に結び付く。リンや窒素は制限要因であることを示している。リンも多すぎることを心配する必要がある。一時は合成洗剤であるリン酸塩が富栄養化の原因となったが、現在では無リン洗剤に代わり、合成洗剤自体は富栄養化の原因ではなくなった。ところが、シャンプーなどにはまだリンを含むものがある。化学肥料は問題だ。耕地には多量の化学肥料が投入されており、依然として富栄養化の原因である。

(4) 鉄

鉄は光合成に不可欠の元素であるが、海水中では３価の水酸化鉄として沈殿する。化学の教科書では水酸化鉄（Ⅲ）は赤褐色の沈殿だ。イオンでなければ生物は利用できない。ところが、森から流れてくる鉄イオンは水に溶けるフルボ酸と結合して海に出てくるので、植物プランクトンが利用できるのだ。鉄の不足は生物生産に影響を与えているのか。このことについては太平洋の赤道付近で鉄イオンを撒く実験がおこなわれ、プランクトンが大量発生することが確認された。このとき窒素や炭素も取り込まれたが、鉄イオンが制限要因となって十分使われていなかったということだ。有機農業をおこなっている水田からも腐植質であるフルボ酸がつくられ、これと結合した鉄イオンが流れ出るという。森と海だけでなく里と海のつながりを示すものだ。

鉄以外にもヨウ素、コバルト、セレンなどの微量元素がホルモン、酵素などの成分として重要な役割を果たしている。このあたりはどうなっているのだろう。

鉄イオンの重要性が知られるようになって、環境学習でもこのことを取り入れる授業がおこなわれることがある。川に鉄を沈めるところを見せ、ここから出る鉄イオンが海のプランクトンを育てると教えるのだ。高津川流域の中学校でNPO講師を招いてこの実践がおこなわれたと聞いた。生徒は、川に鉄イオンが少ないのでもっと鉄イオンを供給する必要がある、と思ったであろう。しかし、河川には溶解した鉄イオンはふんだんにあり、高津川流域では温泉から赤茶けた泥水のような湯が出てくる名物温泉があるほどなので、川に鉄イオンが少ないとするのは間違いだ。鉄イオンが海に出たところで水酸化物となり沈んでしまうところを、森でつくられるフルボ酸が沈まないようにしているというのがこの話の趣旨でないといけない。環境学習では未証明の事実や論争中の事実も取り扱う。フミン酸と鉄イオンの関係についても研究例はまだ少ないようで、十分実証されているかどうかわからない。しかし、話を取り違えないようにはしたいものだ。

5節　林業

地方での環境教育は、単に自然環境のみを扱えばよいのではない。“自然栄えて村滅ぶ”、ではマズいわけだ。このためか、人口減少著しい地方では色々な学習が地域の活性化などと結び付けて考えるようになっているように思う。森の学習も素晴らしい自然と魅力のある地元に残ってくれたらなー、という文脈でおこなわれることが多い。しかし、残念なことにこれまでの私自身の経験の中では、田舎の地元に残って農業・林業・漁業のいずれかに就きたいという意思を持っていた生徒は、農業分野で１人いただけである。彼は、県立農業大学校を出て家の農業を継ぐのだとはっきり言っていた。夏休み、家庭訪問をしたとき、蒸し暑いハウスの中で黙々と草抜きをしていたのを覚えている。教員も農林漁業はやめておけとまでは言わないが、それとなく便利で豊かな都会に出て就職することを当然のこととしてきたのである。いわゆる「隠れたカリキュラム」をおこなってきた責任があると言えるのではないか。

最近は都会から田舎への移住者が増えている。都会と田舎の善し悪しは相対的なものだ。都会では非正規雇用、低賃金など将来への不安があり希望が持てない。田舎では自然相手の気安さ、コンビニなどインフラが良くなってきたこと、行政による子育て支援の充実などあって相対的に魅力がアップした。都会からやって来て林業に就く人もいる。『WOOD JOB！～神去なあなあ日常～』（矢口史靖監督／東宝）という映画もあった。受験に失敗し失望した青年が林業研修に参加して、林業の世界で自分を再発見するという話である。「林業は食えるのか？」「将来はどうなるのか？」の２点を中心に考えてみよう。

(1) 林業は食えるのか？

林業といっても、木を切る、運搬するなどの森林施業から、製材、加工、キノコ栽培など多様である。ここでは森林施業を考える。森林施業の中心となっているのは、林家、森林組合、民間事業者の３者である。自分で伐採・運搬などをおこなって利益を上げたいということであれば林家、就職して働きたいということであれば森林組合か民間事業者ということになる。

給料BANKのホームページにある「職業年収ランキング」では20代で月給24万円となっている。「平成29年度 森林・林業白書」によると、森林組合で森林施業をおこなう場合の支払い形態の８割が日給か出来高払いで、その額は一日１万円以下が約50％となっている。日曜日だけ休日でそれ以外の曜日は仕事をしたと考えれば、月給24万円で辻褄が合う。日給にしているのは、年間を通じて仕事がないからだろう。チェンソーは自己所有というのも結構ある。ヘルメットなどの装備も自分持ちだろうか。最近ではハーベスタなど高性能林業機械を見かけることが多くなり、これだと重労働にはならないし、かえってメカニックなおもしろさもあるだろう。昔、「自宅にあるバックホー（ユンボ）を無免許で運転して作業をしてる。機械はおもしろいです」と自慢げに話す生徒もいた。ただ、労働災害の発生率は全産業の14倍という高さである。現在では健康保険の加入率は約70％であるが、1980年代には14％であった。恐ろしいことだ。

最近はＩターンによる自伐林業が一つの潮流となっている。自伐とは立木を売る契約をして、あとは伐採業者に任せるというやり方ではなく、自分で切り、原木市場に運んで収入を得るやり方で、これは林家の生き方である。昔はヒノキ１m^3が３～４万円したので、前者の任せるやり方でも利益が出ていた。今はヒノキ１m^3が１万8,000円くらいしかしない（図3-11）。伐採・輸送費で１万3,000円くらいかかるので、それならば自分で伐採・輸送をやろうというのが自伐の意味だ。自伐林家にも色々なスタイルがあるようだが、ここでは『小さい林業で稼ぐコツ』（農文協）に高知県四万十市での

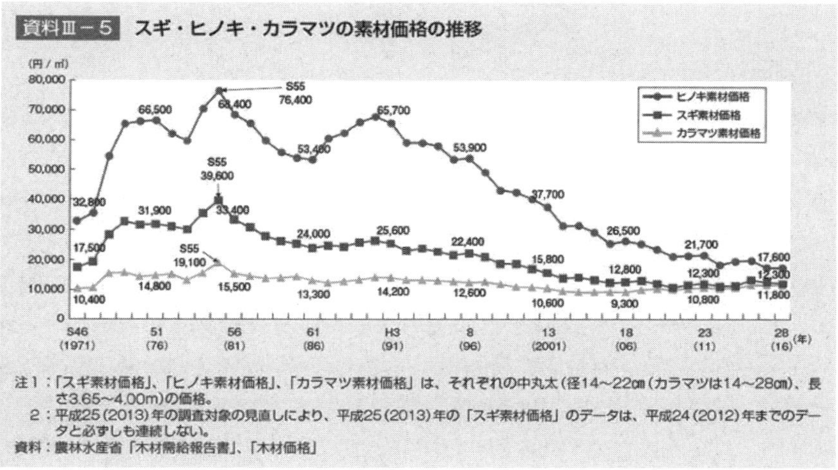

図 3-11　「平成 28 年度 森林・林業白書」（林野庁ホームページ）より

例と『現代林業』2015年6月号の記事を参考に一人で経営をおこなうケースの2つの例をもとに考える。年間収入とその内容を記したものは意外に少なく、貴重な資料である。

A材というのは建築用のまっすぐな太い木材で、C材はチップや燃料用にしかならない木材のことである。A材を育てて売ることが林業の主たる仕事である。切ればいいというものではなく、A材のどのサイズがいくらで売れるのかを分析し、経費を計算して損益を把握した上で切る量を決める。切った後には植林して新たにA材を育てる。これを繰り返すことで持続的な林業となる。バイオマス発電所があちこちにできてからというもの、民間事業者である伐採業者は切って売るだけの資源収奪的な林業をおこなっている。行政による規制がなければ、すぐにハゲ山だらけになるだろう。森の歴史で見たように、日本の山がハゲ山であったことは珍しいことではないのだ。

ドイツに森林官（フォレスター）制度がある。今、ここにある木をどこに持っていけばいくらで売れるかすぐに教えてくれる、そのような能力を持った人がドイツの森林官（フォレスター）だそうだ。ドイツでは若者の人気職種の一つと聞いた。実際には森林管理技術から森林生態、経済学、経営学まで幅広い専門知識を持っていないといけないようで、この職に就くのは難しいらしい。日本でも森林総合監理士（ドイツと同様に「フォレスター」の名で呼ばれる）という専門家の育成が始まっている。しかし、日本の場合は森林普及指導員など他に仕事を持つ人がサイドワークのような形で資格を取得するので、これではドイツのような専門家を育てるのは絶対無理だと林業経営者から聞いたことがある。

C材は温泉施設、公共機関での燃料や家庭での薪として販売先が固定すれば安定収入になる。軽トラ1台で運べる丸太の量が約1 m^3である。温泉では相当量の薪を消費するだろう。一般家庭ではどうだろうか。薪ストーブは1 m^3を1ヶ月で消費する。一家で一冬6ヶ月分使うとすると6 m^3ということになる。1 m^3は約1万円なので1軒6万円くらいの収入だ。専業林家の人から「これからはすき間（ニッチ）産業である薪のほうがいいのではないか」と聞いた。

Tさんの年間収入は以下のようである。	
10月～3月	自伐型林業　150万円 （A材は地元の製材所、C材は温泉施設に搬入 作業道敷設の補助金、薪づくり）
4月～9月	観光業　180万円 （四万十川カヌーガイド）
その他	農業　10万円 （イベント手伝いなど）
	合計340万円

『小さい林業で稼ぐコツ』（農文協）より

Tさんは林業＋観光業＋アルバイトという兼業だ。考えてみると農村ではこれまでもずっと農業＋林業、農業＋公務員のように兼業だったのではないか。2番目の職業に、エコツーリズムのような目新しいのが出てきただけである。これを「半農半X」などと言ったりもする。

環境の授業で地元の林業家・川本さんにお願いし、林業体験（**巻頭カラーP2参照**）とお話を伺ったことがある（**写真3-9**）。川本さんは学校を卒業して以来、「林業ほどおもしろいものはない」と林業一筋で生きてきた人だ。

写真 3-9　川本さん（右端）の話を聞く

「今頃は自伐林業家というのが流行っているそうだが、ワシは昔からずっと自伐林業家だったことになるぞ」「高知県の例では年間400万〜500万円の収入を上げる若い人もいるそうだ。この前聞いた話では、外車を買うほど余裕があるという。要は工夫次第ということだね」

林業も木材を出すだけではダメで、木が育つまでの長い期間にどうやって収入を確保するかも考えないといけないという。川本さんが１つ２つ紹介してくれた例では「暗い林内で育つ薬草がいいかもしれない。サカキなどでもいい。やるなら西日本全部の市場に送るくらいのつもりでやるといい」と言っていた。

薬草やサカキ以外にもキノコ類やタラの芽などの山菜、木工品など可能性は高い。また、森の保養機能に注目してアスレチックやウォーキング、キャンプ場として整備し、活用するなども考えられる。森を木材生産以外でどのように活用できるか、これを考えるのも新しい課題・テーマとなる。結局のところ「食えるか？」という問いに対しては、一般的な答え「うまくやれば食える」ということになる。

(2) 林業を取り巻く環境

戦後復興のために大きな木材需要が生じた。森は明治から戦中期まで酷使されていたので、山からまともな木材が出てこない。木を植えてもすぐには育たない。そこで、木材価格の自由化をおこなって外材が自由に入るようにした。スギ・ヒノキはしばらくいい値段で売れていたが、やがて外材との価格競争で価格が低下してゆく。戦後の拡大造林でブナ林などの貴重な自然林を破壊してまでスギ・ヒノキを植えたのに、間伐などおこなわれなかったために製品となるような木になっていない。さらに林業従事者の減少・高齢化など様々な要因が重なって、林業は低迷を続けている。

(3) 林業の未来

林業の低迷の最大の原因は木材価格の低さで、伐採・輸送経費を差し引くと利益が出ないことが問題だ。ではどうするか。木材価格が上がるか、伐採・輸送経費が下がればよい。ある人の主張では、特定の農産物でやるように木材、特に主たる製品であるA材の価格を引き上げるべきだという。一方、伐採・輸送経費を下げるには、林地の集約化による規模拡大と高性能機械化がカギということになる。

日本では林業事業者がおこなう一日の木材生産量が4.2 m^3 であるが、スウェーデンでは30 m^3、オーストリアでは7～60 m^3 なのだそうだ。とは言っても山が急峻な日本では高性能機械がフルに活躍できるとは限らない。いっそのことハーベスタのような伐採・玉切りをする機械を、キャタピラではなくカニやサソリのような形の6本から8本の足で歩くようなものにしてしまうことはできないか。傾斜のある林内を安定した状態で歩き回るのだ。これはAIロボットの世界かもしれない。未来を構想してみよう。

その他、作業車や輸送車が入るような作業道の整備、森林総合監理士や森林施業プランナーの育成なども重要な課題となっている。「森林・林業再生プラン」以来、様々な施策が実施されている。

育林についても考えたい。「平成28年度 森林・林業白書」によると50年育てた立木を売った場合、1 haあたり87万円の収入となる。その50年の立木を植林から始めて、下草刈り、間伐などの経費を合計すると114万円～254万円かかる。ということは、27万円～167万円のマイナスとなる。よって切って売るだけの収奪的な林業が横行することになる。広葉樹は切ってもまた株から再生するので必要ないが、スギ・ヒノキは切った後枯れるので、林地を維持するには植えなければならない。植えない自然再生の方法はないか？ 下草刈りをしない方法は？ 間伐しない方法は？ 考えてみてはどうだろう。

林業従事者は現在全国で5万人である。高齢化が進んで2000年には平均年齢が56才であったが、「緑の雇用」制度など行政の支援もあって毎年約3万人が新規に参入している。退出もほぼ同じなので5万人が維持されているが、若干の若返りが進み平均年齢は52才となっている。女性の参入も見られ、「林業女子会」などの活動や女性狩猟者も話題となっている。

木材といえば建築や燃料しかないかというと、そうではない。石油に変わる新素材として研究が進んでいる。岡山県の真庭市にある銘建工業では直交集成板（CLT）と呼ばれる強度の高い合板をつくっているので見学に行ったが、新素材の研究も進めている。セルロースからナノファイバーという高強度の繊維をつくったりリグニンからポリフェノール類やプラスチックを開発できれば、自動車部品や家電、農業資材や医療などにも応用できるようだ。

(4) 森の保護と林業の両立

現在、日本にある森林は天然林が1,400万ha（約5割）、人工林が1,000万ha（約4割）となっている。天然林と人工林の割合はこのままでいいのだろうか。それとも別の割合がいいのか。はっきりした答えがない。近くの山に登っても500年のシイやタブの老木を見ることはない。見ることができるとすれば、その場所は古い神社だけである。500年、1000年の天然林をつくることも考えていいと思うのだ。それはどこに、どのくらいの面積でつくればいいのか。そんなことも検討してみたい。

6節　課題・テーマになりそうなこと

実際におこなったことがないものが殆どなので自信はないが、考えられるものをあげておく。

①リタートラップによる実験

森の中にトラップを数カ所張り、1ヶ月ごとに落枝落葉を回収し乾燥して重量を計る。トラップは1m×1mできちんとした方法なら、寒冷紗を縫い合わせて真ん中のくぼんだ袋状にし塩化ビニルで枠をつくって縫い付ける。ブルーシートでも良いのではないか。ホームセンターに行くと1,000円以内で売っている。乾燥も1週間くらいの自然乾燥でいいだろう。重量がわかれば、その流域でどれくらいの窒素などがどれくらい流れ出すか推計できるのではないか。

②リターバッグによる実験

寒冷紗などの網状の袋に森で集めた落ち葉を入れ、重量を計って森に放置する。一定期間放置した後、重量がどれだけ減っているか計測する。網の大きさを変えて、分解者の大きさで違いがあるかどうか調べる。

③社寺林の古さを調べる

伐採一回で消えてしまうものに着生シダのマメヅタ、ノキシノブ、着生ランのフウラン、セッコク、カヤランがある。これらがあれば相当古い森ということになる。フジ、テイカカズラ、ツルグミ、サネカズラなど、つる性の植物は成長が遅いので、太いと古いということになる。その他、森が古いことを示す指標を近くの社寺林に当てはめて調べてみる。益田市の柿本神社のタブノキにマメヅタがあるのを発見し、古い森であることを実感できた。

④木を植える

宮脇昭氏の「木を植えよう」に倣って、ドングリを集め、発芽させ、苗をつくる。ドングリ集めは10月頃が最適のようだが、コナラなら12月〜3月に。一足先にドングリから根を出しているので、これを集めればよい。1個数円〜100円のポットをたくさん買ってきて適当に土を入れ（腐葉土は買わないといけない）1年間育てる。植えるのは次の年なので、植えるなら前年度つくった苗を植えることになる。この点がやや難というところか。公園として雑木林をつくる、自然植生を再生するなど、形の残る活動は生徒に有能感を与える。

⑤動物カメラによる観察

野生動物はなかなか観察できない。そこで予算が許せば動物カメラを設置し、大型野生生物の生態を調べる。これまでの実験ではウシの牧場でイノシシ、ネズミ、タヌキ、家の庭でキツネ、タヌキ、テン、カラスが映っていた。校庭にはノウサギがいるし、ミツバチの巣箱近くだとツキノワグマが映るに違いない。1台2〜3万円で購入できるが、盗難の心配もある。怪しいものでないことを示すために、名前、住所、連絡先、目的などを書いたプレートをかけておく必要がある。

⑥砂防ダムしらべ

山に登ることができれば、川の支流に砂防ダムがいくつあるのか調べてみるとよい。ワサビ栽培の盛んだった地域では、上流にいくつもある。どうやってこんなところまでコンクリートを運び上げたんだろうと感心してしまう。イワナ（この辺りではゴギ）の移動を妨げるものであるかどうかチェックする。

⑦食物連鎖の図をつくる

生物観察、聞き取り、資料調査などを総合的にまとめ、森の食物連鎖図をつくってみる。食うもの食われるものの関係を把握し、何が頂点（キーストーン種）にいるのか、絶滅したオオカミを入れたものはどうなるのか、など検討してみる。

⑧林業体験と林業の可能性を考える

近くの林家、森林組合、民間事業体にお願いして林業体験をする。さらに林業の問題点や今後の可能性について検討してみる。

⑨森林面積（人工林と自然林）や伐採面積を計測する

今、森林伐採が盛んになっている。道路で木材を満載したトラックがよく通るのだが、山はどうなっているのだろう。Google Maps や Google Earth を使えば、今、森のどこがどれくらい伐採されているかわかる。Google Maps で面積を測るやり方は簡単。まず、「地図」を「航空写真」に切り替える。伐採地はすぐわかる。該当箇所で左クリックし、次に右クリックしてサブメニューを出し、一番下の「距離を測定」をクリック。場所を移動して左クリック、移動して左クリック……とやると次々に線が引かれる。最後に出発点に戻って左クリックすると、線で囲まれた範囲の面積が表示される。ただ、地図の更新は地方だと２～３年に１回のようだ。伐採跡地はどうなっているのか、植林はされているのか、など現地に行って調べることが重要だ。

⑩種の多様性を調べる

春にはコブシ、タムシバ、ヤマザクラが山で点々と咲いていることからランダムに分布していることがわかる。他の植物も同じだろう。こうして一定の面積に多くの種が生育している、つまり多様性が保たれていることがわかる。どうしてこのようになるのだろう。種の多様性を調べる方法はないだろうか。

4章　里と農業

1999年に新しく「食料・農業・農村基本法」が制定された。「改正河川法」「森林・林業基本法」で自然環境や多面的機能についての内容が追加されたのと同様、農業分野でも国土の保全機能（ダム機能）、自然環境の保全機能、景観、保健休養の場、さらには文化伝承機能や情操かん養などの教育機能まで含めた多面的機能の発揮が目標となっている。森林と水田の両方で貯水をして洪水を防ぎ、多様な動植物を保護し、精神的な安らぎを得る場として使おうということだ。

一方で、「旧農業基本法」時代には問題とならなかった食料自給率が約40％まで低下し、これの引き上げが課題である。木材自給率が約35％なのでいい勝負であるが、食料は供給が止まったとき食べないでしばらく我慢するというわけにはいかないので、食料生産を上げなければいけない。農業と里の環境保全は両立するであろうか。ただ、食料自給率をどう考えるかについては違った意見もあるので、後で簡単に触れる。まず、里の開発の歴史を振り返り、水田の保全についても書いておく。

森里海のつながりとしては水田のダム機能、耕地からの肥料の流出や農薬の流出、生物の移動などがテーマとなるが、特に肥料と農薬の流出が問題である。さらに、植生や動物、農業についても簡単に見てみる。

1節　里の歴史

(1) 古代

まず里とはどこを指すのだろうか。ここでは、仮に、森のふもとから海までの範囲としておく。森林などと違って、里の歴史に関する成書は見当たらない。河川の歴史と里山の歴史にダブりながら、その中間にある氾濫原、湿地の歴史ということになると思うのだが。いくつかの文献を参考にして水田にスポットを当て、おおざっぱにまとめてみよう。

本間俊朗氏の『日本の人口増加の歴史－水田開発と河川の関連－』（山海

堂）がこの意味での里の歴史に最も近い。氏は日本で稲作が始まる頃から紀元前2世紀までを自然河川時代、紀元前1世紀から16世紀はじめまでを古代小河川時代（ここでは単に小河川時代とする）、16世紀中期以降を大河川時代と区分している。農水省の資料に13世紀から16世紀までを中河川時代とあるので、これを差し挟んでおこう。まず、自然河川時代（～BC2世紀）、小河川時代（BC1世紀～AD12世紀）、中河川時代（AD13世紀～16世紀）の水田開発を見て、次の(2)で大河川時代（AD16世紀中期～）の水田開発を見よう。(2)は近世・江戸時代が舞台となる。

自然河川時代は自然の低湿地に水田をつくった。あまり手を加えることはなかった。川の歴史で触れた佐賀県の「菜畑《なばたけ》遺跡」や福岡県の「板付《いたづけ》遺跡」などが水田の初期のもので、山すその谷戸《やと》（東日本）とか迫《さこ》（西日本）とか呼ばれる谷状のところで小さな山水の流れを利用して水田耕作がおこなわれた。土木技術も板や杭を打ち込んで溝が崩れないようにしたり、水を水田に誘い込むための堰（井《い》堰《せき》）をつくったりしただけの簡単なものだった。水の涸れるところには手が出なかった。従って開発面積はきわめて限られていた（図4-1）。おもしろいのは、遺跡から出てくる雑草の種にはコナギ、ホタルイ、タガラシ、ミゾソバ、コゴメガヤツリなど、今日の水田でも見られるものがあり、案外今と同じ風景があったのかもしれない。

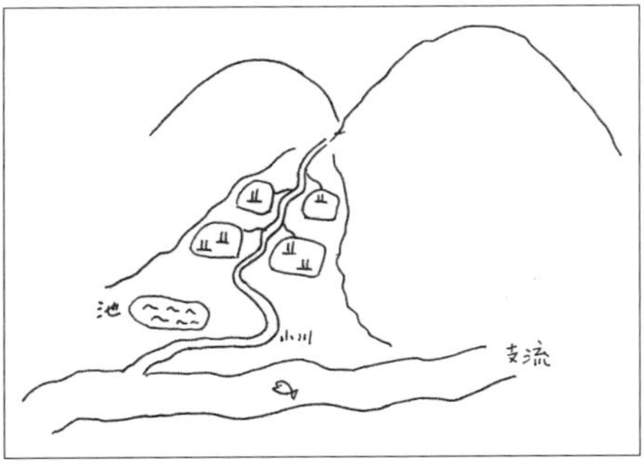

図4-1　自然河川時代の水田開発イメージ

小河川時代には、大河川の支流に堆積した比較的高い平地に灌漑をおこなって水田を拡大した。人口も拡大してきたので人海戦術で工事をおこない、水田は小河川と中河川時代を通じて約100万haまで広がった。西日本の小河川流域は、2世紀末までにはあらかた開発されてしまった。洪水が起こっても大河川のそばではないのでめったに水に浸かることはなく、心配なのはむしろ干魃のほうであった。このため3世紀頃からは、ため池が発達した。後に、行基や空海など僧侶によるため池や水路などの工事がおこなわれることになる。支流周辺の氾濫原、草原等は人工化した（図 4-2）。用水路も整備されたであろうから、陸生生物、水生生物は影響を受けたはずである。例えば、水田では春から水が入っているが、7 月頃に水を抜いて中《なか》干《ぼ》しをおこなう。根腐れを防いだり、刈り取りに備えて土を硬くしたりするためである。このことは遅い時期に産卵をおこなうカエルのオタマジャクシや水生昆虫、魚には致命傷となったであろう。この当時、どのような生態系が形成されていて、どのように変わったのか実際にはわからない。しかし、年中湿地に慣れている生物には強い選択圧がかかって、本来の生物相を変えてしまったのではないだろうか。

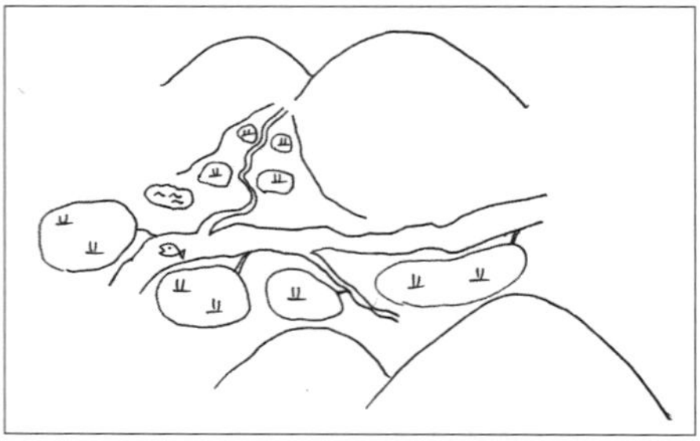

図 4-2　小河川、中河川時代の水田開発イメージ

(2) 近世

中河川時代の終わり頃、すなわち 16 世紀には戦国大名による治水事業がおこなわれる。武田信玄の治水はこの頃である。17 世紀江戸時代に入ると平和な時代がおとずれ、新田開発にエネルギーがつぎ込まれる。耕地面積は 16 世紀末の 150 万 ha から 18 世紀はじめには 300 万 ha と倍増した。工事対象も中小河川から大河川の堤防、堰、河川の付け替えなど、大工事ができるようになった。工事技術も関東流、紀伊流、甲信流などいくつかの流派が生じ、発展していたようだ。河川の下流域に残されていた大湿地、自然の池、自然堤防などの氾濫原は開発の対象となった（図 4-3）。

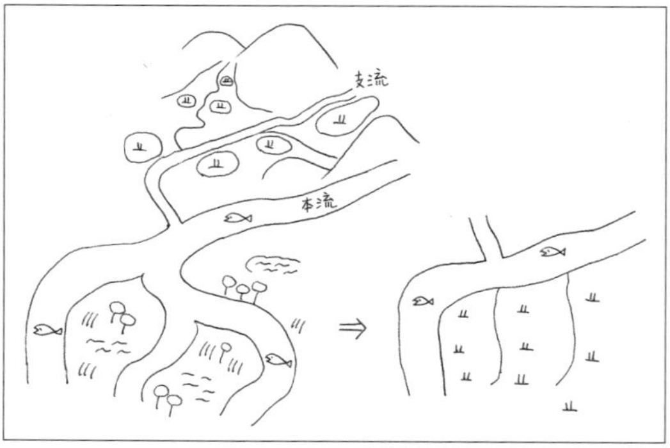

図 4-3　大河川時代のイメージ。本流の付け替えがおこなわれ、後背湿地が開発された。

北上川では、仙台藩主伊達政宗により本流の付け替え工事がおこなわれ、広大な湿地帯が耕地化した。利根川では本流を東京湾から千葉県への東遷工事がおこなわれ、関東平野に肥沃な水田地帯が生まれた。木曽川では尾張藩徳川義直による御囲堤《おかこいつつみ》と呼ばれた長い堤防の建設、薩摩藩に命じておこなわれた宝暦治水などがある。淀川では豊臣秀吉による文禄堤の建設で河内平野が洪水から守られた。加藤清正は河川の付け替えや多くの堰を建設した。ここ高津川でも津和野藩主亀井政矩《まさのり》による高津川の付け替え工事がおこなわれ、水田地帯が出来ている（**巻頭カラー P2 参照**）。こうして全国で湿地は水田に変えられていった。

先に、江戸時代には100年で150万haの耕地が300万haになったと述べた。現在、水田250万ha、畑200万haなので合わせて450万haである。江戸時代にも150万ha増えたが、江戸時代―現在では150万ha増えるのに300年もかかっている。江戸時代の開発で未開地がなくなったということである。湿地にあったハンノキやヨシ原は人工化され、水田に変わった。人工化というのは人の都合に合わせて水位が調節され、迷惑な鳥は追われるか人に捕獲されて食べられ、イノシシ、シカなどの哺乳類も捕獲または追い払われたという意味である。

水田が広がったことは、単に氾濫原が破壊されただけではない。1反（10a）の田んぼに必要な草山は10反と言われる。肥料としての草山がそれだけ必要になり、森林の破壊が進んだ。草山は一方で耕地化されたので、ますます森林へのダメージも大きくなった。

肥料不足は深刻となり、干鰯《ほしか》、油かす、ぬか、醤油かすなど草山・人畜の糞以外から肥料を調達しなければならなかった。特に干鰯は注目に値する。これはイワシを乾燥させたもので、房総半島の九十九里浜は一大拠点であったが、北海道の干鰯も西日本まで北前船で運ばれた。江戸時代は陸地で物質が循環している社会というのはどうも間違いのようだ。海の資源を肥料として耕地に投入しなければ農業が成り立たなくなっていたのだ。

江戸時代の水田の風景はどんな様子であったか。『江戸日本の転換点－水田の激増は何をもたらしたか－』（NHK出版）に、当時の四季の様子が描かれた『農業図絵』（『日本農書全集第26巻　農業図絵』農文協）とともに紹介されている。春は種籾を蒔いて稲の苗を育てるが、籾を狙ってスズメなどの小鳥が飛来してくる。タケで周りを囲って入れないようにするが、イノシシやシカは押し入って入ってくる。農民は鉄砲を持っており、これらを仕留め食料にした。水田が上流から下流まで平野部の限界まで広がって、耕地に出る機会が増えたのだろう。

水辺にある池にはナマズ、ウナギ、ドジョウ、コイ、フナ、タニシ、川カニ、川エビなどが「水畜」という形で育てられていた。オタマジャクシを食うために夜にカワウソが苗床に入ってきて、苗を荒らしたという。池の魚も狙ったであろうから、意図せずにカワウソが飼育されることになっていたのかもしれない。夏は秋の稲刈りのために田んぼの水を落とす。田んぼで育ったナマズやドジョウが"収穫"され食料となった。水生生物は湿地であったときとは違って1年の半分くらいしか水の中にいることはできないわけで、この条件に適応した生物だけが生き延びたであろう。

稲刈りの頃には落ち穂を食べにガンの群れが集まってくる。田んぼに何本も竿《さお》を立て、これに糸を張ってガンを捕らえる。これも食料だ。鳥類ではサギ、ガン、カモ、大きいものではトキやコウノトリがいた。トキやコウノトリは体が大きいので、カエル、魚、エビなどの生物量が豊富でないと生活できない。そのため、この条件に合う川の下流部で生活していた。ところが、水田の広がりによってエサとなる生物量が増え、上流部の中山間地へと分布を拡大していったようだ。

こうして見ると、江戸時代は豊かな自然が一方に、もう一方に人間社会があって両者が共存していたという感じではなく、人間社会によって生物が育てられた結果、豊かな自然が出来上がったという感じである。

(3) 人口拡大と氾濫原の開発

ここでも河川、森林のときと同じように歴史を簡単にまとめてみる。河川のときに用いた図2-2（P20）を参照してほしい。

小河川周辺の開発→人口増加→中河川周辺の開発→人口増加→大河川周辺の開発という形になるだろう。

(4) 戦後の水田

戦後の木材不足は外材の自由化をもたらした。このことが林業衰退の入口となった。戦後は食料も不足した。こちらは食管制度という手厚い保護政策がとられ、米の増産につながった。島根県では、宍道湖・中海淡水化問題というのがあった。環境破壊、無駄な公共事業ということで批判され、結局中止になったが、もとはと言えば「食糧難を解消するために米を増産する」という真っ当な目的のために始められた事業である。

水田は多肥料・多農薬・機械化など大変な投資がおこなわれ、酷使されていった。殺虫剤による人の死亡事故も起こっていた。殺虫剤、除草剤、殺菌剤の大量散布により、水田とその周辺に棲む生物世界は壊滅的なダメージを受けたと思う。農薬に対して感受性の高い個体や生物は死に絶え、現在残っているのは農薬に対して耐性を持つ系統の子孫ではないだろうか。害虫に限らずカエル、イモリ、クモ、カメムシなどすべての動物について言えるだろう。水田から流れ出た肥料や農薬は、河川の生物にも大きな影響を与えたはずである。

殺虫剤は主に神経系に作用して生物を死に至らしめるが、かつてのパラチオンのような毒性の強いものはないものの、近年開発されたネオニコチノイド系殺虫剤の使用はミツバチの巣が消滅する原因とされている。また、水田や畑から河川に流れ出し、河川敷の植物に取り込まれ、花に訪れる昆虫に移行して昆虫を死に至らしめるという思わぬ経路で働くことも指摘されている。ミツバチはどうしてネオニコチノイド抵抗性系統を生み出さないのだろうかという疑問も生じるが、注意して見てゆく必要がある。

江戸時代に河川の氾濫原を水田にしたことを第一の人工化とすれば、戦後の多肥料・多農薬農業・用水路のコンクリート化は氾濫原の第二の人工化と言うことができる。第二の人工化は食糧増産という政策的な要因によってもたらされ、環境悪化を招いた。政策的な要因も社会経済制度の一部と考えれば、里では社会経済制度要因は環境破壊を強めるように働いたということができる。

(5) 水田生態系の保護と再生

近代農法に対抗して自然農法や有機農法が知られている。いくつも流派があるようだが、自然農法では福岡正信《まさのぶ》氏がよく知られている。

福岡氏は農薬や化学肥料の多用に対抗して自然農法を始めたわけではない。経過は次のようだった。横浜税関の植物検査課で順調に勤めていたが、激務が元で肺炎になった。病院の個室に入れられ、孤独でいるうち人生の問題に突き当たる。今までの人生は何だったんだろう。悶々と悩む中で、すべては無だという思いに至る。人のすることは無駄なことだということを実践するために、郷里に帰って何も手を加えない農業を始めるのである。青年の実存的な悩みを連想させ、ブッダの出家を思わせるような話だ。このような仏教的な類似性から、自然農法は宗教とも見なされている。事実、宗教家で自然農法を始めた岡田茂吉という人もいて、宗教的な匂いのする農法なのだ。

戦後になって多肥料・多農薬の時代が来ると、自然農法はこれへの対抗馬としての役割を担うようになる。なにしろ近代農法の多肥料・多農薬に対して無肥料・無農薬なのだ。さらに守備範囲は拡大して科学批判・文明批判の拠り所の一つともなってゆく。

福岡正信氏の自然農法には無肥料・無農薬の他に無除草・無耕起と４つの内容がある。無耕起からみてみよう。田んぼを耕すと土は硬くなりかえって通気が悪くなるので、何もしないほうがよいという。これは山林がヒントになっている。山林は耕さないが木は毎年問題なく生長しているではないか、というわけだ。無肥料はどうか。これも山林がヒントである。山林の木々は肥料もやらないのに切っても切っても生えてくる。山の肥料は地下にある岩石から徐々に供給されるのだという。化学肥料には必要な微量元素が不足しているのでマイナスになるとも言っている。無除草については、雑草も土づくりに貢献していると説明する。雑草の根が地中に伸び植物体が死ぬとこの穴は通気口になり、これで微生物の多いふっくらした土が出来るからだ。福岡氏は天敵利用も微生物農薬もダメだと言っている。とにかく何もしないという方法なのだ。17 世紀江戸時代のはじめ頃に書かれた『百姓伝記』（『日本農書全集第 16 巻、第 17 巻　百姓伝記』農文協）に便所の下肥は作物の栄養になるので粗末に扱ってはいけないなどと書かれているが、自然農法は肥料をやらないのだから、それよりもさらに前の時代に帰るということになる。自然農法が正しいことは１反（10a）で 10 俵（600kg）の米が取れることで

料金受取人払郵便

大阪北局
承　　認

1357

差出有効期間
2020 年 7 月
16日まで
（切手不要）

郵便はがき

553-8790

018

大阪市福島区海老江5-2-2-710

㈱風詠社

愛読者カード係 行

ふりがな お名前			明治　大正 昭和　平成　年生　歳	
ふりがな ご住所	□□□-□□□□			性別 男・女
お電話 番　号		ご職業		
E-mail				
書　名				
お買上 書　店	都道府県　市区郡	書店名	書店	
		ご購入日	年　月　日	

本書をお買い求めになった動機は？
1. 書店店頭で見て　2. インターネット書店で見て
3. 知人にすすめられて　4. ホームページを見て
5. 広告、記事（新聞、雑誌、ポスター等）を見て（新聞、雑誌名　　　）

風詠社の本をお買い求めいただき誠にありがとうございます。
この愛読者カードは小社出版の企画等に役立たせていただきます。

本書についてのご意見、ご感想をお聞かせください。
①内容について

②カバー、タイトル、帯について

弊社、及び弊社刊行物に対するご意見、ご感想をお聞かせください。

最近読んでおもしろかった本やこれから読んでみたい本をお教えください。

ご購読雑誌（複数可）	ご購読新聞 新聞

ご協力ありがとうございました。

※お客様の個人情報は、小社からの連絡のみに使用します。社外に提供することは一切ありません。

証明されているという。1反10俵と言えば、近代農法で収穫される米の量と同じである。それなのになぜ広がらないのか、と氏は不満を述べている。

自然農法田には多くの研究者も訪れ、調査している。無肥料でも収穫が多いのは水田に入ってくる水に十分な養分が含まれているから、と大学時代に研究者から聞いた記憶がある。江戸時代には1反（10a）あたり2.5俵が標準だった。が、自然農法では科学を否定するけれども、品種改良という遺伝学の土台があっての10俵ではないだろうか。自然農法では今で言う食育についても提案している。玄米食が良いという。玄米食から見れば、精米やケーキ、菓子などは不自然なジャンクフードにしか見えないかもしれない。ただ、最近では人の体は長い狩猟採集時代に進化したものだから、肉、根菜、豆などが本来の健康食だという本もある（『人体600万年史』早川書房）。この立場から言えば、米や麦は農耕社会の食べ物なので玄米もパンもジャンクフードということになる。

自然農法は科学を批判しているけれども、原始的なヒト社会の技術ではなく、あくまでも稲の文明の上に乗っている技術なのである。しかし、その方法は江戸時代よりも前と思われるほど特別で、現代人がすんなりと受容するのは難しいようだ。自然農法の意義は、いかに我々の社会が「自然」から遠ざかっているかを認識させてくれることだと思う。

一方で、自然農法は近年の有機農業発展の土台づくりの役割を果たしたようだ。もともと有機農業は堆肥づくりと土づくりに多くのエネルギーを使う農法で、何もしない自然農法とは異なるが、無農薬・無肥料でも作物が出来るという証明は有機農業の実践者にとっては強い支えになったと考える。

自然農法のように近代農法に対抗する農法は戦後すぐの頃よりおこなわれていたが、水田の失われた生物生態系を再生する試みは1980年代末より盛んになった。地球サミットでの「生物多様性条約」はこの運動に追い風となった。農薬で生物の影がなくなり、コンクリートで固めた無機質な水田環境を再び生物豊かな水田に戻そうとするとき、そのモデルになったのは江戸時代から戦前にかけての水田の姿であった。しかし、それは先述したように人工化された二次的な自然である。人工林ではなく潜在植生である照葉樹林を復活させるべきだという意見のように、水田を廃止して原生の後背湿地を復活させようとならないのは、なぜだろうか。実現性はともかく、このような意見もあり得るはずだ。それとも、妥協して生物が殺されコンクリートで固められた殺風景な水田よりも、たとえ人工的とは言っても生物のいる水田のほうがましと実践者たちが考えたからだろうか。

昔の水田生態系に対する積極的な評価もある。守山弘氏は『水田を守るとはどういうことか』（農文協）の中で、第三紀鮮新世（530万年前～260万年前）の淡水生物生態系は昔の水田やため池の環境とよく似ているのだと言っている。つまり、第三紀鮮新世では、河川の後背湿地に数ヶ月から数年に一度の割合で洪水が起こってかく乱され、植生遷移が進まない。ナマズ、フナ、コイ、ドジョウ、タニシ、エビが湿地につながる水路に入ってきて産卵をおこなう。サギやトキ、コウノトリなど多くの鳥が開けた湿地を好み、採餌する。トンボ、ゲンゴロウなどの昆虫もこのような場所を好む。同様のことが水田でも起こる。1年に一回、耕起というかく乱が起こるので植生遷移は進まない。小川や水路とでつながっており、魚が産卵に訪れる。開けた場所なのでサギ、コウノトリなど大形の鳥が好み、トンボやゲンゴロウが産卵する。7月には中干《なかぼ》しという水抜きをおこなうが、これもかく乱の一つである。いくつかのカエルは中干し前に変態し、その他は別の場所に退避する。

なるほどそうかもしれない。水田開発の歴史では自然のある氾濫原が次第に水田に変えられ、江戸時代には開発できそうな氾濫原がすべて開発され、原自然が失われたという文脈で眺めてきたが、河川の歴史で見た山田堤のように意図しなかったにもかかわらず、水田での耕作活動が氾濫原の自然を再現していたということもありうる。そういうことであれば、水田が原自然の代用となっているわけで、わざわざ第三紀の湿地に戻すことはないわけだ。

先述の『農業図絵』は農民に農作業を絵で教えるためにつくったものだそうだが、水田周辺の風景が描かれて興味深い。水田環境を再現するには、例えば図4-4、図4-5のような絵を参考に再現するとよいのではないか。図4-4では川の形、動物（キツネ？）がそこら辺にいること、図4-5では川、橋、サギが近所にいることなどが参考になる。課題・テーマの一つとして、どこにどのようにつくれば江戸時代の生物豊かな水田を再現できるかを考えてみるのもよいだろう。

図 4-4　　　　　　　　　　　　　　　　図 4-5
『日本農業全集　第 26 巻　農業図絵』（農文協）より

さて、里編でも里の環境を守る根拠として社会的共通資本が使えないだろうか。『社会的共通資本』では森林、川、海の他に土地、空気、土壌、水も自然環境部門の社会的共通資本として取り上げられていた。「里」という文字はないが、水田やため池、畑、放牧地などにその資格はあると言えるだろう。森林では国有地、公有地、私有地が混在している。この中に散在するコミュニティ林というのが昔の入会地のイメージに近く、社会的共通資本となりうるという。里でこれに相当するのはため池くらいしか思い浮かばないが、「生物多様性」も加えて社会的共通資本の構成員を増やしたいところだ。

2節　里の植生

(1) 里とは

ここで再び里とはどこを指すのかについて触れる。『里山の環境学』（東京大学出版会）では、里山、農地、集落を含めた全体を里地と呼びたいとしている。環境省の環境基本計画によると、里とは二次的な自然が多く存在し、人々がふるさとの風景として思い浮かべる地域のことだという。このことも踏まえつつ、ここでは森里海を扱っているので、1節「里の歴史」で述べたように森と海の間にあるもの、つまり里山を一部含み、農地、集落、河川、池、湿地、草原の総体を里ということにしたい。地域によっては市街地も里に含まれるかもしれない。高津川流域では大湿地や湖沼、草原というのは見当たらないので、里とは里山、水田、集落、河川の全体ということになる。里の植生は水田とその周辺の植生ということにする。

(2) バイオーム、自然植生

水田は人工化された二次的自然であった。もともとはどのようなところだったのか。『観察する目が変わる水辺の生物学入門』（ベレ出版）にわかりやすい図があるので参考にしたい（図 4-6)。河川周辺の平地全体を氾濫原という。氾濫原は三日月湖、タマリ、ワンド、自然堤防、砂州、後背湿地などの要素からなっている。河川は洪水のたびに流路を変え、一定しない。前回の洪水の後には三日月湖や川とのつながりが切れてしまった水たまりであるタマリが出来たり、本流とつながっている袋状の部分、つまりワンドが出来たりする。ワンドでは魚が避難したり産卵したりするがワンド自体が消えることもある。緩

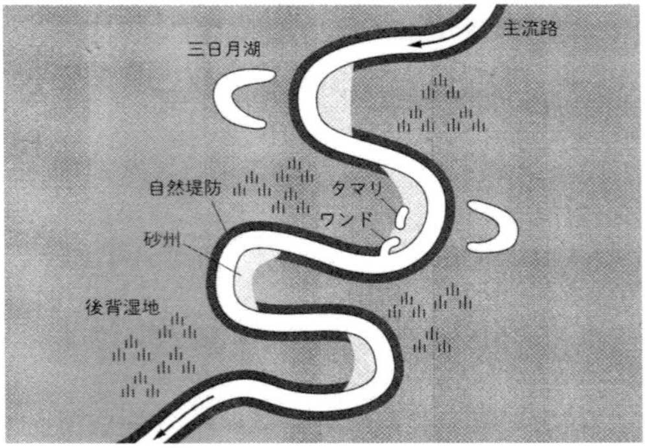

図 4-6　河川中流域～下流域の氾濫原（『観察する目が変わる水辺の生物学入門』〈ベレ出版〉より）

やかに盛り上がった自然堤防を離れたところが後背湿地で、ヨシやハンノキが生えている。洪水で絶えずかく乱されるので、植生の遷移が起こらず、草本類が主な植物である。

古来、人は洪水が後背湿地に入らないように堤防などの土木工事をおこなうことで水田を広げてきた。先に述べたように、人工的かく乱があることで後背湿地である水田では生態系が保たれてきたが、近年の河川敷の高水敷ではかく乱が起こらないため樹林化し、雑木林のようになっている。

(3) 里のイメージについて

ところで、環境基本計画では里とは人々がふるさとの風景として思い浮かべる地域のことだとしていた。ふるさとの風景として思い浮かべるイメージとはどのようなものだろう。かつて、島根県立安来高校に勤務していたとき、高校生233人に思い出すとなつかしく思う風景や遊び、思い出を絵にしてもらうという調査をおこなったことがある。出てきた要素を拾い上げてみると、生活道路、自分の家、小川・溝・池、雑木林・山、田んぼが半分以上の絵に描かれていた。これを主観的に配置してなつかしい環境イメージとしたのが図4-8である。殺風景にも見えるが、集合意識のようなものだ。

	高校生のイメージ	『農業図絵』より
生活道路	79 %	100%
自分の家	70	?
小川・溝・池	70	67
雑木林・山	56	56
田んぼ	47	85
小学校	39	0
神社	36	20
公園	34	0
空き地・広場	31	30
橋	30	33
公民館・公会堂	22	0
隣近所の家	21	36

出現頻度（%）

図4-7　高校生のふるさとイメージと江戸時代の農村イメージ

生活道路は全体の枠組みを決めるために、自分の家は中心を決めるために描いたと思われるので、3番目以下の小川・溝・池、雑木林・山、田んぼが

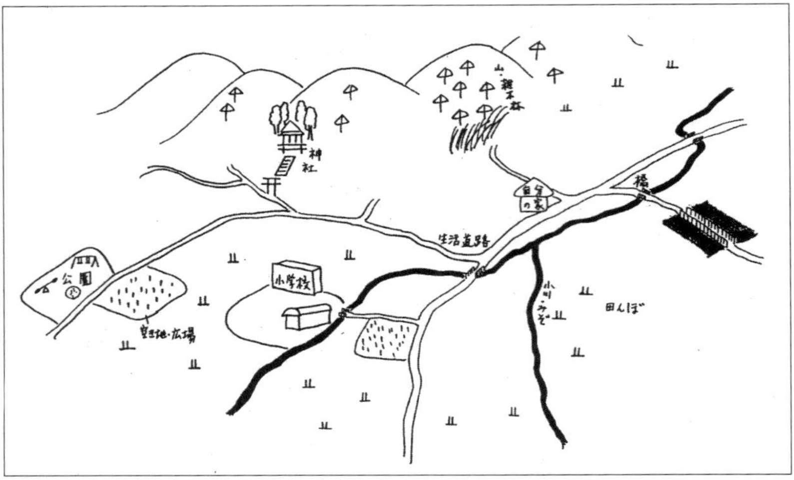

図 4-8　高校生の環境イメージ

重要な要素なのであろう。小学校は当然として、神社が意外にも印象に残っているようだ。

参考までに、『江戸日本の転換点』で紹介されている『農業図絵』66 枚の絵の中にある要素をおおざっぱに拾い上げてみた（図 4-7）。江戸時代の絵なので小学校、公園、公民館、公会堂は存在しない。小川・溝・池、雑木林・山、田んぼが半数以上の絵に現れていることは高校生と同じで興味深い。空き地・広場に当たるところ、橋などその素材や内容はともかく同じように現れていることもふるさとのイメージ形成にとって何か意味のあることなのだろうか、それとも他に構成物がないからこうなっただけだろうか。

ふるさとという心理的・内面的なものを絵やインタビューなどを通して明らかにすることも課題・テーマとなりうる。

（4）耕作放棄地の変化など

現在、日本の耕地面積は水田が 250 万 ha、畑が 200 万 ha で耕作放棄地が水田、畑合わせて約 27 万 ha 存在する。放棄地のうち半分は再び農地にできるが、残りは森林になったりして農地としての利用は無理だという。田舎の中山間地では何十年も前から放棄された水田や畑があり、本来の植生に向かって遷移が進んでいる。農業関係者からは困った問題としてとらえられるが、原自然に価値を置く立場からすると望ましいということになる。この遷移の過程を課題・テーマとすることもおもしろい。どのような植物が生え、どのような動物が生活するようになっているのか。放棄された水田などにはセイタカアワダチソウやヒメジオンなど背の高い雑草が生え、“荒れた”イメージを与えるが、自然の回復過程と考えて科学の目で見ることだ。

水田では自然農法や有機農法がおこなわれているところがある。全国の耕地面積に占める自然農法を含めた有機農業面積はたったの0.1%というのだからあまり見かけることはない。しかし、近くにあれば農薬投入水田と減農薬水田、あるいは無農薬水田の雑草や昆虫などの生物調査をおこなうことも課題・テーマとなる。子ども・生徒たちの水田生き物調査はあちこちでおこなわれてはいるが、6月水田に水があり生物の多いときだけで、この時期が過ぎると全く行かなくなる。中干しがおこなわれ生物の姿が消えてしまうからであるが、昆虫はどこへ行ったのか。虫も行くところがあるから来年も水田に現れるのである。生物多様性は水田のみでなく、それを取り巻く周辺環境を含めて総合的に考えたい。

アイガモ農法は除草剤を使わない農業としておこなわれている。確かに農薬は使われないのであるが、見ると生物が殆どいない。カモが皆食べてしまうからだ。これは生物多様性の観点から見てどうなのだろうか。一方、水中微生物は大変多い。私自身はアイガモ農法田にアメーバがいるのを発見して感動したことがある。水上で生物が消え、水中で微生物が多くなったとき、これは生物多様性が高まっていると言ってよいのか。水中の微生物を調査しながら、こんなことも検討してみるとよい。

3節　里の動物

授業をやるなら、動物を対象とする内容が一番生徒の興味を引くことは間違いない。実際に実践したわけではなく、こんなことができたらいいのに……という内容が多いが、様々な授業を検討してみることにする。

(1) イノシシの箱わな、追い払いイヌなど

イノシシは森編でも取り上げた。できれば森に追い返すというのが一つの考えとして成り立っていた。ここでは捕獲して食料にするという古くからおこなわれた方法に注目してみよう。狩猟は人の本能をくすぐる最もエキサイティングな行動なのだ。ただし、鳥獣保護法という法律があるので、一定の限度はある。

写真 4-1 竹でつくるイノシシの箱わな
(『狩猟生活 2017vol.2』〈地球丸〉より)

『狩猟生活 2017vol.2』(地球丸)にモウソウ竹でつくる箱わなの例が出ている(**写真 4-1**)。普通に使われるのは鉄製で頑丈だが、買うと 10 万円以上する。近くの鉄工所でつくってもらっても数万円はする。竹製だと 1 万円以内で済むそうだ。生徒とこれを自作し、動物カメラを近くに設置してイノシシの様子を観察するというのはどうだろうか。イノシシは警戒心が強く、匂いや人工的な物体に敏感で、しかも賢い。ただし、捕獲すると鳥獣保護法に触れるので、入口を開けておけばよい。捕獲しないからといっても何があるかわからないので、「わな猟免許」を持っている人に手伝ってもらい、アドバイスをもらいながらおこなわないといけない。

こんなことがあった。授業で学校の近くにあったイノシシ檻を生徒と見学に行った。鉄製であったが近づくとイノシシが檻の中で暴れ、体ごと檻にぶつかるので今にも壊れそうだった。竹製の檻にイノシシが足を取られていたりするとかなり危険である。しかし、危険だからといってはじめからフタをせず、知恵を働かせて危険と向き合うことも必要だ。

因みに、鳥獣保護法では狩猟してよい鳥獣が決められており(鳥類 28 種、哺乳類 20 種)、これを捕るための狩猟免許が必要となっている。箱わなを使う際は「わな猟免許」が必要である。今までは 20 才からでないと取得できなかったが、18 才からでも可能となったので高校 3 年生で取得できないこ

とはないが経費がかかる。

もう一つ、外来生物法というのがあり、この中でアライグマ、ヌートリアなど本来日本にいなかった生物について特定外来種として指定し、飼育や輸送などを禁じている。捕獲には狩猟免許が必要である。自治体によっては、特定外来生物の捕獲従事者講習会というのをおこなっていたりしており、この講習会を受ければ、捕獲従事者として登録され、狩猟免許を持たずに特定外来生物の捕獲、運搬が可能になるのだそうだ。

写真 4-2　捕まったあわれなアナグマ

アナグマはイタチの仲間で日本在来種である。いわゆるタヌキ汁はタヌキではなくアナグマのことだという。アナグマのほうが美味だったことなどが原因らしい。近所の人も「アナグマのほうが美味い」と言っていた（食ったのか！）。町の中で出会うこともあるし、無警戒に数メートルのところまで寄ってきてやっと気づくということもある愛嬌のある動物だ。近所でアナグマがわなに入ったが、畑を掘り返したという“微罪”で（写真 4-2）殺処分となった。愛くるしいアナグマのためにサンクチュアリーをつくってやれないか。どうすれば、アナグマが安心して棲めるようになるのか考えないといけない。いい案はないか。

サルについて被害防護策を考えてみよう。だが、サルの場合ハードルが高い。現在、おこなわれている防護策はいくつかある。まず、群れの一個体にテレメーターを付けて、群れが農耕地に接近したところで素早く駆けつけて爆竹・花火を打つというもの。でも、テレメーターの付いた個体が死んだらおわりだ。ナイロン製の網（猿落君《えんらくく》という商品名が付いていた）を支柱に貼り付ける方法もある。支柱は柔らかく、サルが網に掴まるとクニャッと曲がって網を越えにくくなる。それでもやがて学習して越えられるようになる。それでもダメなら最後は殺処分だ。余談になるが、有害鳥獣駆除の場合、市町村から捕獲奨励金が出る。不正受給防止のため、サルの場合、耳を切り取って持ってゆく。何だか世界残酷物語のようだが、仕方ない。そうならないためには深い知恵が必要なのだ。サル被害は果物や野菜で顕著で、春のシイタケ、夏のトウモロコシ、秋の柿、栗と冬以外は年中ある。家庭菜園にまで侵入し確かにやっかいな存在ではある。ただ、サル被害を報告した文献には「収穫の楽しみを奪われ、精神的なダメージが大きい」などと書いてあるものもあり、楽しみを奪われたくらいで殺すのかと思ったりする。

かつて農村集落で野良犬の放し飼いは普通だった。近くにやって来るとエサをやったりしたので慣れていた。イヌは1万年も前から人と暮らしてきたのだ。放し飼いにされたイヌが近所迷惑だ、などと考える人はいなかったはず。ところが、1973年に「動物の愛護及び管理に関する法律（動物愛護法）」が出来て事態は一変した。動物愛護法では命を終えるまで適切に飼育することの他、人に迷惑を及ぼすことのないようにしなければならない、逃げないようにしなければならない、としている。この法律には「放し飼いはダメ」とは書いてない。これが自治体レベルの「動物の愛護及び管理に関する条例」になると、イヌの放し飼いが禁止（飼い主はけい留しておかなければならない）と書いてある。これで放し飼いはできなくなった。

こんなものは都市の法律である。鳴き声がうるさい、道に糞が落ちている、知らない人に咬みつく、などの問題は人の密集した都市部で発生する問題なのだ。一律に農村部に適用したことが、野生鳥獣を追い払うというイヌの役割を台無しにした。さらに悪いことに、人々の意識を野良犬＝悪に変えてしまった。その結果、野生生物の防護に余計な費用がかかっているのだ。

最近は、「追い払い犬」というのを導入して野生鳥獣を里に近づけない方法が研究されている。兵庫県森林動物研究センターの資料によると、1日に10分程度の訓練をすることで飼い主の指示に従って活動してくれるそうだ。これは驚くことでも何でもない。イヌは1万年も前からそうしてきたのだから。新しい方法？だというが、課題・テーマとして取り組んでみるとおもしろいだろう。兵庫県の例では「追い払い犬」の導入に際してマニュアルがつくられており、これに従って手続きを進めればいいようになっている。イヌの訓練法や地域住民に理解を得ることなど、面倒なことが色々とある。これをどうやってクリアすればよいか、考えてみよう。

(2) コウノトリ、トキ、ツルは復活するか

日本でコウノトリ、トキの野生個体群は絶滅した。そこでコウノトリは兵庫県豊岡市、トキは新潟県佐渡島で個体群を復活させる活動が始まった。現在では両方とも100羽にもう少しのところであるが、着実に野生復帰する数は増えている。トキでは種が存在するための最小個体数が約2,500羽であるということだ。コウノトリやツルを復活させることには生態学上の意義がある。これらの鳥は湿地や水田の食物連鎖の頂点に立つ生物なので、それらの種が存続しているということは、その下にいる多くの生物も存続しているということになる。食物連鎖の頂点に立つ生物をアンブレラ（傘の頂点）種という。

江戸時代には全国に普通にいたコウノトリやトキ。もともと南方系の鳥で、地方有力者の移殖活動によって全国に広まったようだ。また、コウノトリは1つがいで最低でも500haの自然湿地を必要とするが、本来水田面積の少ない中山間地にもいたのは、水田でコイやフナなど“水畜”をおこなっていたせいでエサの量が豊富だったこともあるという。つまり、江戸時代から飼育状態だったと言えなくもない。

兵庫県豊岡市のコウノトリの郷公園（巻頭カラーP3参照）に行ってみると、広大な水田にアイガモ農法と思われるネットが張ってある。エサ場の環境づくりに地域の協力があるのだろう。兵庫県でも保護増殖センターの設立、兵庫県立大学での研究など、これまでに多くの行政努力があった。野外放鳥されたコウノトリは県境を越え、方々に散らばってゆく。「絶滅しない個体群維持のために50万～100万haの湿地面積が必要」とする記述もある。これを豊岡市だけでまかなうことはできないだろうから、各地の協力が必要だ。トキについても同様のことが言える。コウノトリがやって来たらどうするか？ 地域の資源とすることに問題はないが、忘れてはいけないのは繁殖努力をしたのは兵庫県や豊岡市だったということだ。

西日本でツルと言えばナベヅルとマナヅルだ。鹿児島県の出水市は、1万羽のツルが飛来して越冬する日本一のツル渡来地となっている。もともとは江戸時代に干拓したところだというから、これまた人工的な場所であり、大自然とはいかないようだ。ここに近いところでは山口県周南市八代《やしろ》にナベヅ

ル飛来地がある。八代にツルが飛来するのは偶然ではない。明治時代、幕府の縛りが取れ銃も解禁された。ツルは狩猟対象となった。しかし、八代だけは「ツルを守るべき」という保護運動があったのだ。そのおかげで現在10羽を切るほど減少しているものの、ずっとツルの渡来地となっている。八代で少なくなった理由は次のようだという。シベリア付近で生まれた幼少ツルは若者組に入り成長するが、その若者組がみんな出水市に行ってしまう。ツレが行ってしまうのでみんなについて行かざるを得ず、八代には来なくなる。後継者が育たないということでジリ貧になっている。人間社会の過疎化と同じだ。このようなときは、江戸時代の有力者がやったように一部を強制移住させてもかまわないのではないか。

コウノトリ、トキ、ツルのような大型の鳥については生育地の人たちの大変な努力があったということに感謝しつつ、もしもこの地に飛来してきたら水田面積はどれくらい必要で、エサ量はどれくらいあるか、足りないとすればどのように補給するかなど、検討してみてもよいだろう。

私自身は、無理に天然記念物がいなくてもサギ類が最近増えてきていることで満足している。生物多様性が復活していることが実感できればよい。近所では、田植え時期になるとアオサギが１～２羽、チュウサギが６羽居着くようになった。別の場所では８羽くらいいる。サギの数はエサの量に左右されるのだろう。どうすればもう少し増やせるかエサの量を検討してみることを勧めたい。サギが増えているということはカエルや昆虫が増えているということであり、生物の多様性が高まっていることを意味する。

(3) 水田の両生類・昆虫類

水田の生物ではカエルが目立っている。カエルは様々な点で課題・テーマとするに値する。

日本の両生類は73種と言われている。内訳はサンショウウオ類24、イモリ類3、カエル類46である。特徴は固有種が多いことで、両生類のうち63種が固有種だという。カエルも減っていると言われ、絶滅危惧Ⅰ・Ⅱ、準絶滅危惧種合わせると42種が心配な状態ということになる。水田環境だけでなく気候変動なども関わる問題らしいので、簡単ではないが水田とその周辺の環境を調べることで、カエルの個体数変化の原因がわかるかもしれない。

カエルの生活史は水田の耕作サイクルとうまく一致してきたことが指摘されている。春の耕起、代掻きの時期に産卵し、水田の中干しをする6月～7月の時期には変態して陸上に上がる。毎年規則的におこなわれる水田の作業は、不規則にかく乱を繰り返す氾濫原の湿地よりもカエルにとっては好都合だったかもしれない。しかし、中干しでたくさんのオタマジャクシが死んでいるのを見ると、必ずしもそうではないのかなとも思ってしまう。ヤマアカガエル、ニホンアカガエルは田植え前の水田に産卵、オタマジャクシは田植えの時期までにカエルに変態する一方、ニホンアマガエル、シュレーゲルアオガエルは田植え後に産卵、中干し前に変態すると書いてあったりするが、本当のところはどうだろうか。トノサマガエルも含め産卵と変態の時期は耕作サイクルと合っているだろうか。さらに、変態前に中干しがおこなわれているようであれば、承水路と言われる水田の縁に掘られる溝を調べ、ここが退避場所として有効かどうかを調べてみるのもよいだろう。

田んぼを見てきた感覚では、カエルは増えているように思う。昭和30年代の農村風景を復活しようというのが標語になったことがあるが、昭和30年代は毒性の強い農薬で水田の生物世界が破壊されていた時代であり、モデルとするには適切ではない。最近は、トノサマガエル、アカガエル、アマガエル、ヌマガエル、ツチガエルなどのカエルばかりでなく、ニホンイモリもたくさん繁殖していたり、ヒルが水田に復活したりして、少しずつ生物の種類数が増えつつあるように思う。一方、クモ・昆虫類はあまり見ないので、偏りがあるのかもしれない。農薬は低毒性になったとはいえ、ネオニコチノイド系殺虫剤など、新たな問題を引き起こしている農薬が使用され続けているわけで、相変わらず安心はできない。

水田は学校からの近いところにあることが多いので長期観察・研究には適している。時間を使って調べることとしては、カエルは何を食べているのか、害虫防除に役立っているという話もあるので実際はどうなのか調べてみる。トノサマガエルは繁殖期を過ぎると水田から離れた場所に行くこともある。カエルにとっては水田だけ環境が良ければそれでいいというわけではない。水田の周囲にある環境はどうなっているのか、水辺や隠れ場所、エサはあるのかなど、生態系全体を観察の対象としたい。同じようなことがモリアオガエル、ヒキガエルなど他のカエルについても言える。モリアオガエルは普段、森のどこにいて何をしているのか。ヒキガエルは普段どこにいるのか。一般論でなく、その地域で具体的な事実を発見したい。

カエルの減少は世界的な現象で、カエルの本にはこれを心配する声が溢れている。松井正文氏は『カエル－水辺の隣人』（中公新書）の中で、①生息環境の破壊ないし改変、②残留農薬、③酸性雨、④地球の温暖化、⑤紫外線の増加、⑥ミズカビ、ツボカビなどがカエル減少の原因だとしている。その前に、カエルが減ったのか増えたのかはっきりさせないといけない。地道な作業であるが、水田のカエル個体数を数えるというのも貴重なデータになる。数年の間隔でもよい。減っているというのだから、本当かどうか調べないといけない。ところで、一頃、ツボカビ感染によるカエルの絶滅が話題になっていたが、その後どうなったのだろう。

カエルが何を食べているかも調べたいが、カエルが何に食べられているかについても調べたい。私の住んでいるところは山間部で水田は少ないのでもともとサギは少ないが、それでも以前に比べてサギの数が増えているように思う。少し下流に下ったところでも水田に水がある間であるが、サギが常時いるところがある。こんなことは昔はなかったように思う。エサがあるからだろう。エサはなんだろう。カエルはエサだろうか。

昆虫ではタイコウチ、タガメ、コオイムシなどがいれば、農薬の害がない田んぼということになる。殺虫剤は殆ど神経毒で、害虫にも、無関係な他の昆虫にも効くからだ。しかし、タガメやタイコウチのいる水田は本当に少ない。個体数を数えようにも、１匹いるかいないかなのだ。例えば、タガメのことを調べようとするなら、１年の生活を見ないといけない。水田にいるのは高々１ヶ月である。後の時間をどこでどう過ごしているか調べたいところだ。ミズカマキリは水田近くの川でも見かけ、水田と川とを行き来していることがわかるが、タガメはどうなのか。水田を含めたどのような生態系が確保されないといけないのか。

ところで、私自身タガメを飼ってみたが、なんとも贅沢な生き物である。トノサマガエルを与えると、これを捕まえてエサにするのだが、少し体液を吸っただけで放り出し、あとは見向きもしない。食べ尽くすということをしないのだ。仕方ないので、2、3日してまた次のトノサマガエルを与えるということの繰り返しだった。ツチガエルも与えてみたが、皮膚から毒物を出すせいか手を出そうとしない。こんなことで生きていけるんだろうかと思った。私の場合は飼育方法が悪かったかもしれないが、飼育実験からもわかることがある。

日本のトンボは200種近くいて、これは熱帯コスタリカの250種に迫るすごい数だそうだ。このうちアカトンボと言っているトンボはアカネ属の総称で、日本には21種が記録されている。どう猛な捕食者なので、これが多いということはエサとなる生物も多いということだ。飛んでいるのを数えるのは難しいが、中干しの頃から羽化するので、あぜを歩き回って脱皮殻を数えればよい。『身近なヤゴの見分け方 平地で見られる主なヤゴの図鑑 Kindle版』（世界文化社）やネットのヤゴ図鑑が参考になる。

（4）水田の指標生物

水田の生物多様性の変化は「なんとなくカエルが増えた」というような感覚的なものではあてにならない。たとえカエルが増えていても、昆虫の種類数が減っているかもしれない。全体として見たとき、生物生態系の豊かさはどうなっているのか知る方法はないだろうか。

農水省・農業環境技術研究所では『農業に有用な生物多様性の指標生物調査・評価マニュアル』を作成している。水田や果樹園では生物の種類数が多くなるほど害虫の天敵の種類数も多くなり、害虫の防御に働くこと、水田では3回農薬散布した場合と1回でやめた場合で比較すると、前者の場合、天敵と害虫の種類数は同じだが、後者の場合、天敵の種類数が害虫種類数を上回ることなどがわかっており、このような事実から、農薬を減らし天敵生物を利用して総合的に防除するという考え方が正当化できる。

『観察する目が変わる水辺の生物学入門』では前述の農水省版『調査・評価マニュアル』の評価をおこなっている。農水省の場合は、①アシナガグモ類、②コモリグモ類、③トンボ類、④カエル類、⑤水生コウチュウ・水生カメムシ類と全部捕食性動物であるが、ヨーロッパの池の生物多様性を調査する場合は①水生植物、②巻貝類、③水生コウチュウ類、④トンボ類、⑤カエル類となっていて、生産者の植物①、植物を食べる巻貝②が含まれているので捕食者ばかりの日本のものより、より広く生態系をとらえているのではないかとしている。独自に指標生物を検討してみるというのもいいかもしれない。

島根県農業技術センターでも、農水省の『評価マニュアル』に基づいた田んぼの生き物調査と易しくかみ砕いた一般向けの調査法を作成し、生徒や子どもの調査支援活動をおこなっている。もともと島根県では有機農業に力を入れているので、水田での環境調査はこの流れに沿っていて何かとやりやすい。

当センターから図 4-9 のような資料をいただいた。下敷サイズになっており、野外で持ち歩くことができる。これは水生昆虫編であるが、クモ編、カエル編もあり、この地域に生息する主な生物だけを載せており、煩雑な分類の苦労を減らしているし、生物の見分け方、調査方法、調査用紙例（裏）も丁寧に書いてあって大変便利である。

小中高において、いくつかの学校で協力して調査すれば、一定地域での分布に関する情報が得られ、経年調査すれば個体数の増減についてもわかるかもしれない。

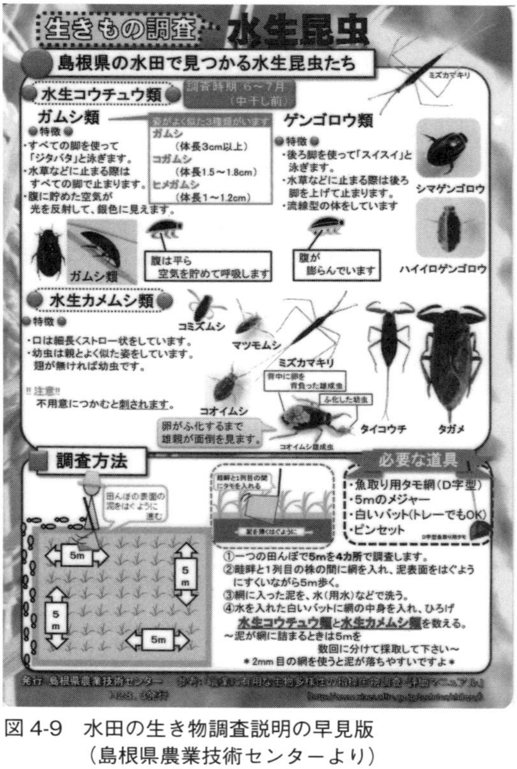

図 4-9　水田の生き物調査説明の早見版
（島根県農業技術センターより）

4節　川の生物

(1) 川魚

クローバーは『イシ－北米最後の野生インディアン』（岩波書店）の中で、「川というものが昔とかわらず今も魚釣りのために若人も老人も引きつけているのは、もしかすると、太古から続くわざを現代において用いることで心が癒されるからなのかもしれない。これ（魚釣り）くらい現代人をその石器時代の先祖に近づける活動あるいは仕事は他にない」と述べている。

北米先住民であるヤヒ族のイシは部族の仲間を皆殺しにされ、一人石器時代のような生活をしていたが、1911年に文明社会に現れて“発見”された。先の文章はイシの観察から出てきたものだが、魚を捕ることがいかに狩猟本能をくすぐる原始的な活動であるか述べているわけだ。魚捕りは本能的に楽しいものなのだ。森里海の環境活動で最も生徒が生き生きするのも、この魚捕りのときである。それならばいっそのこと、ヤリでも持ってシカやイノシシでも追い回したらどうかと言われそうだが、それはちょっと難しい。しかし、狩猟行為というものは、クローバーが述べているように心の底にある癒しの根源に働きかけ、元気を復活させる力があるような気がする。

高津川の中流域で見られるいくつかの魚を取り上げてみる。アユカケは中流域・下流域に棲む魚である。エラの後ろ側にとがった部分があり、これでアユを引っかけて食べるという話からこの名が付いた。島根県では希少種に指定されている。アユカケは秋になると産卵のために海に下る。海でかえった稚魚は川を上ってくるが、小さな堰堤でも越えられず、上流に行くことができない。従って、中流域辺りから堰堤が所々あるが、これより上流に上れない。

高津川ではこの地域で採集され、新種として登録されたものが2種類いる。1つはイシドジョウで、上流の砂や小石の清流に棲む。Cobitis takatsuensis《タカツエンシス》と「高津」の名がついた。もう1つはイシドンコで2002年に新種として登録されOdontobutis hikimius《ヒキミウス》と「匹見」の名が付いている。これらは島根県で希少種となっている。川学習などでは必ず紹介され、高津川自慢話の一つとなっている。

カワムツとオイカワはどちらもコイ科の魚である。カワムツは日陰になるような川の淵を好み、オイカワは日の当たる川の瀬を好む。書籍には、河川工事によって瀬がだらだらと続く単調な川になったせいでオイカワが増え、カワムツが減ったと書かれている。高津川にはもともとオイカワはいなかったが、琵琶湖のアユを放流したとき紛れ込んだらしい。しかも書籍に書いてあるのとは逆に、オイカワが少なくカワムツが多いように思われる。どうなっているのだろう。調べてみるとおもしろい。

魚ではないが、オオサンショウウオも生息環境が危うい。テトラポットなどは隠れ場所を提供しているようだが、堰堤、護岸工事、川の直線化は移動を困難にしている。高津川河川工事の際に、天然記念物オオサンショウウオのためにプレキャストブロック（**写真 4-3**）という構造物が設置された。ところが、すぐに砂利で埋まってしまい、今では全く見えなくなっている。川底は絶えず動いているのである。

写真 4-3　可動堰の下側につくったオオサンショウウオの休憩所プレキャストブロック。今は完全に砂利に埋まった。（島根県津和野土木事務所資料より）

外来魚ではブラックバスが報告されている。ここ高津川ではさほど問題となっていないように思えるのは、止水域が少なくブラックバスが棲みづらいせいなのか？ よく調べていないだけなのか？ 国内の外来魚ではオイカワ、アマゴ、ムギツクなどがいる。ムギツクは希少種オヤニラミに托卵することで知られているので、オヤニラミにどのような影響が出ているのか調べてみたいところだ。

人工産卵床をつくってみるというのもおもしろい。水産庁のホームページから「内水面に関する情報」－＜人工産卵床について＞と進むと、渓流魚（イワナ、ヤマメ、アマゴ）、アユ、コイ・フナ、ウグイ、オイカワ、カジカなどの産卵床のつくり方が出ている。授業を使ってドンコの産卵床をつくり、実際に入るかどうかを調べてみたことがある。近くの川に行き、石、瓦、L型鋼の３つの方法のうちで石を置く方法を選んだ。１～２週間後に確認のため生徒が手を突っ込んだところ、ドンコに手を咬まれた。産卵床はみごと成功だった。高津川自慢のイシドンコであったかもしれない。こんなに簡単に入るということは、かなりの住宅不足だったのだろう。この作業は学習・観察と希少種の保護に役立つと思われる。

アユにとって困ったことが起こっている。砂防ダム、堰堤などのせいで上流から小石が供給されず、産卵に適した浮き石が不足しているのだ。ある漁協などでは上流からわざわざトラックで下流に運び、産卵場所に撒いているらしい。アユのような漁業資源は研究も進んでいるが、有価物と見なされないオイカワ、カワムツなどでも同様の問題があるのではないか。川底に石や砂を置いて、産卵の様子を観察してみたい。

水産庁の同ホームページには、水田を使って川や湖の魚を増やす方法も紹介されている。本来の氾濫原湿地ではフナ、ドジョウ、ナマズなどが産卵し繁殖していた。江戸時代の水田と近くの小川でも同じような光景が見られたはずである。休耕田を使って本格的に取り組んでみてもおもしろい。同ホームページには「今回紹介した方法で、川や湖、農業水路を魚でいっぱいにしましょう」と書いてある。最近の圃場整備を見ると水路が完全に水田と切り離されてしまった深いコンクリートの溝になっている。水中を移動する生き物は田んぼとの間を行き来できない。中には水路が暗渠化してまるで地下水道になってしまっているものもある。魚道を設置するなど、川と田んぼをつなぐ方法を考えてみる必要がある。

(2) アユ

産卵のための石が不足していることを述べたが、今度は漁業の視点からアユを見てみよう。高津川のアユ漁獲量は1990年頃まで年150tを維持していたが、それ以降は年90tと6割ほどに低下している。原因として落ちアユを含めたアユの捕りすぎ、産卵に適した浮き石の減少、石が泥で埋まるなど産卵場の環境悪化、稚魚の放流が個体数の増加に結び付いていない、などがある。島根県水産技術センター、漁業協同組合の資料をもとに今後目標とされている漁業の姿と今の状況を考えてみた。

高津川漁協や県では、かつて高津川が豊漁であった頃をやや上回る300万尾（180t）を目標としている。そのためには30万尾の親が40億個の卵を

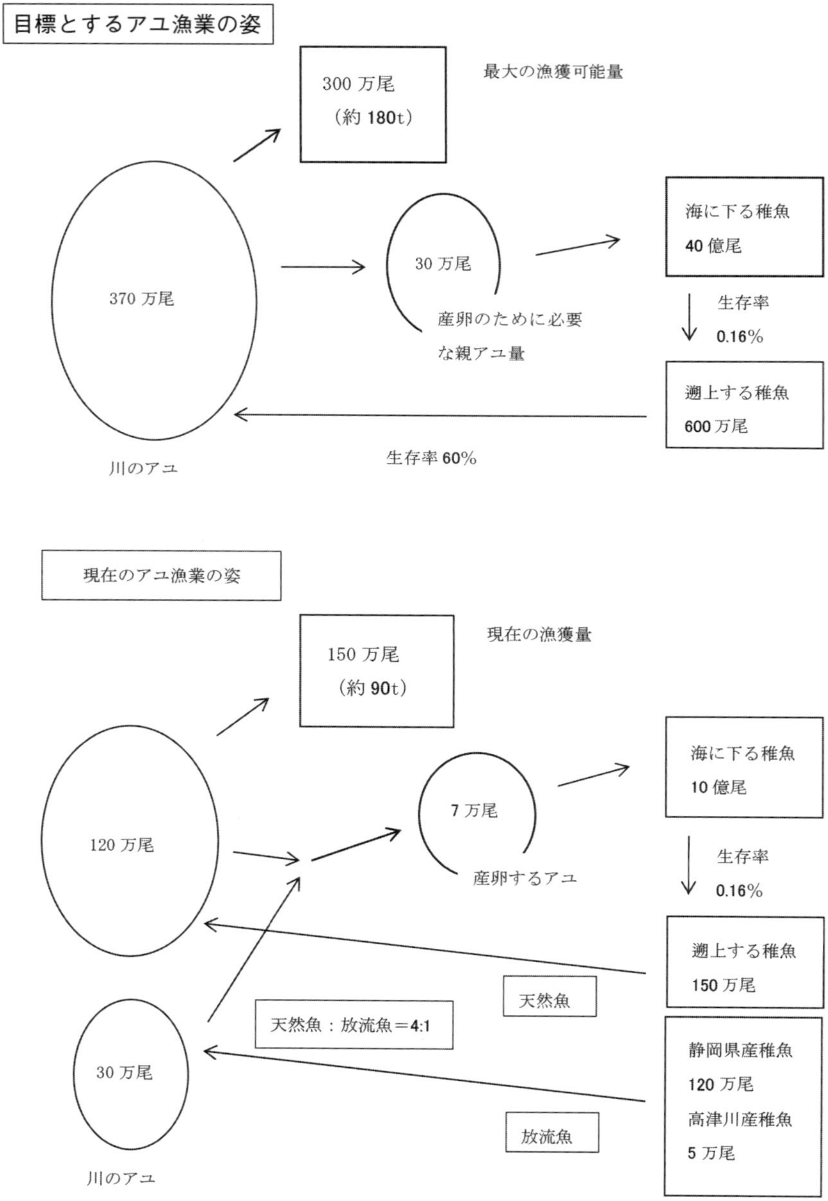

図 4-10　目標とされているアユ漁業の姿

産み、これが海に下って成長し、遡上を始める稚魚が600万尾になっていればよく、これが川を遡って370万尾生き残っていればよいことになるそうだ。300万尾捕っても残りの70万尾のうち30万尾が卵を産む。このサイクルを繰り返せば、持続的な漁業が成り立つ（図4-10）。

漁協には資源が減少した場合、放流して個体数を回復させる義務がある。高津川漁協は静岡県産の稚魚120万尾と高津川産種苗5万尾を放流することで個体数を回復させようとしている。しかし、県外産は病気にかかりやすいなど、この川への適応力が弱い。従って、300万尾のアユ回復には他所から稚魚を持ってきて放せばよいのではなく、捕獲制限と魚道の整備、ブラックバスなど外来魚の捕獲など、資源管理と川の生態系をできるだけ取り戻す以外に方法はないと思われる。実際、漁協でも「しまねの鮎づくりプラン」などで、この方向に沿った取り組みを始めている。

さて、一つ川では不可解なことがある。他人の畑でスイカを盗れば犯罪である。それは畑が他人の土地であるからだ。一方、川はみんなのもので個人の所有物ではないにもかかわらず、川でアユを勝手に捕れば違反とされる。なぜだろうか？ 漁業法では次のように考えるのだ。

川は海と違って魚も少なく簡単に捕れるので、みんなが自由に捕り出すとすぐに資源が枯渇してしまう。だから資源を守るために「第5種共同漁業権」という漁業権を設定しており、普通、これは○○川漁協に与えられる。誰に与えてもよさそうな感じだが、趣味の釣り人よりは漁業で生計を立てる人を優先するわけだ。また、川の生物全部が対象ではなく、個々の魚種ごとに設定される。通常、アユやウナギなど漁業資源として重要な魚種が対象となる。

漁協は農業のように雑草を取ったり肥料を撒いたりといったような労働をするわけではないが、漁業者をとりまとめ、資源が枯渇しないよう、減少が見られれば放流をする義務がある。釣り人から集める入漁料（鑑札料）は、このための費用となる。つまり、資源保護のためにお金を負担して下さいね、ということなのだ。よってアユは勝手自由にとってはダメで、資源管理料というお金を払って捕らないといけないことになるのだ。何を入漁料の対象とするか、その条件など（例えば、18才以下・女性は無料とするなどがある）

は漁協ごとに決め、県の許可を受けなければならない。

それにしても次のケースはどうだろう。オイカワやウグイまで入漁料の対象となっていることだ。漁業権を設定してあるのだろうか。設定はしていないが、アユ釣りと見分けがつかないから入漁料をとってしまうというのは理由にならない。

アユ釣りをする生徒もいるはずだ。このような人にはぜひ、漁業権の問題を含め川の資源管理のあり方について検討してもらいたいものだ。

(3) 水生昆虫

水生昆虫は河川連続体説でも取り上げられているように、河川の環境を語る際になくてはならないものである。また、水質汚染の判定にも水生昆虫を使った評価法が昔から知られており、マニュアル化もされている。

簡単な評価法（簡易水質評価法）は環境省水・大気環境局、国土交通省水管理・国土保全局編『川の生きものを調べよう－水生生物による水質判定－』にあるので、これをもとにしてとりあえず水質の調査をおこなってみよう。

やや難しくなるとEPT種類法がある。カゲロウ目（E)、カワゲラ目（P)、トビケラ目（T）それぞれの種を同定して加える方法だが、種の同定がやっかいで私などさっぱり歯が立たない。これも何かいいアプリはないか。しかし、高校生でEPT種類法で研究している例があり、その気になればできるのではないか。さらに、科レベル平均スコア法というのもあり、これは同定を種までやらず、科レベルにとどめるため専門家でなくともでき、偏りが少ないという。上流・中流・下流で出現種の違いを調べたり、他の川と比べて特に多い種類や少ない種類はいないかなどの考察ができそうだ。

写真 4-4　農業用水路に沈めた稲の苗箱

高津川ではヘビトンボの幼虫が以前に比べて少なくなったという声を聞く。そうだとしたら原因は何だろうか。

私自身は農業用水路に稲の苗箱

（**写真 4-4**）を沈め、こぶし大の石を詰めておくだけで、この中に5月頃から大量の水生昆虫が発生することを見つけた（**巻頭カラー P3 参照**）。簡単にサンプルが採集でき、種の同定や生活・行動の観察に使えるだろうと思う。

（4）水生植物

国土交通省がおこなっている「河川水辺の国勢調査」によれば、高津川流域では種子植物が約 650 種見つかっている。別の資料によると、益田市、津和野町、吉賀町全域での種子植物は約 1,000 種とのことだ。河原では河川工事の後に樹林化が進み、アカメガシワ、アカメヤナギ、ネコヤナギ、カワヤナギなどが生えている。草本では、ツルヨシ、ヤナギタデ、オギなどが多い。貴重な植物としては上流部のヒメバイカモ、キシツツジ、中流域から下流域ではミクリ、イトトリゲモ、タコノアシ、ミズオオバコ、ミズアオイ、ミズワラビ、タヌキモ、ハマウツボなどがある。

外来種として特に注意すべきなのは、オオキンケイギク、オオフサモである。下流部では、オオキンケイギクの黄色い花が川土手に広がっているところがある。

吉賀町には水草のヒメバイカモが自生している。これは、しまねレッドデータブックで絶滅の恐れが最も高い「絶滅危惧Ⅰ類」に分類されている。バイカモ類は中国地方では三瓶周辺、鳥取県大山周辺、岡山県蒜山周辺に分布しているが、ヒメバイカモは吉賀町にしかない（**図 4-11**）。バイカモ類はきれいな冷たい水の流れるところに生えているが、多くの場所は湧き水の流れるところなので洪水の心配はない。

しかし、高津川の場合は河川洪水のある不安定な環境なのだ。事実、ヒメバイ

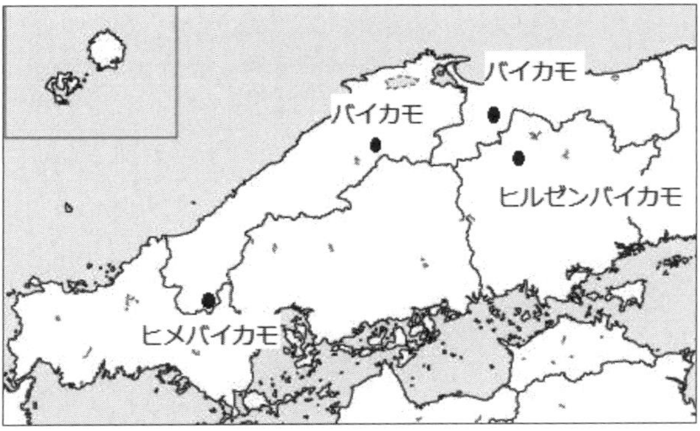

図 4-11　中国地方のヒメバイカモの分布

カモは洪水のたびに土砂で埋まり、流されたりしているが、また再生している（**巻頭カラー P3 参照**）。昔からこのようなかく乱する環境に適応して生きてきたのだが、近年は河川工事が原因で本来生育していた場所には全く見られなくなってしまった。

農業用水路で育成しているヒメバイカモを株分けして川のあちこちに植えてみるのだが、原因不明のまま消えてなくなってしまう。今のところ、バイカモ自身のたくましさだけで生き残っている状態だ。どのような条件で成長するのか、温度か、流速か、その他に何か考えられるものはあるのか。この点について調査したものが見当たらないので、課題として取り組んでもらいたいものだ。

オオカナダモは明治時代に日本に入ってきた帰化植物であるが、かつて高津川の上流で目にすることはなかった。しかし、河川工事、護岸のコンクリート化などが進んだ結果、ワンドや堰手前の止水域にはオオカナダモが繁茂するようになった。外来種なのだからすべて排除すればよいという考えもあるだろう。しかし、川は工事のせいで生物の生息環境としてはことのほか単調で、魚の隠れ場所もない。生物にとってはオオカナダモだけが頼れる隠れ場所となっている。オオカナダモは止水域、ヒメバイカモは流水域と棲み分けしているが、競合するところもある。

さて、オオカナダモは外来種として排除すべきだろうか、それとも地域に根付き一定の役割を果たしているとして保護すべきだろうか。研究と検討が必要である。

ピアスは『外来種は本当に悪者か？－新しい野生 The New Wild』（草思社）で外来種と在来種が混じる生態系は「新生態系」と呼ばれるようになっており、新生態系はいわゆる極相へと導かれるわけでもないし、ひな形があるわけでもない。生物たちはそれぞれ好きな方法で好きな場所に集合し、その場所に合った形を編み出してゆくと述べて、外来種排除の考えを批判している。アマゾンを含め手つかずの自然などというものはないのだから、外来種を受け入れ新生態系の成立を見守る方がいいのではないか、というのだ。外来種は悪者なのか。オオカナダモを例に、よく調べた上で検討してみるとよいだろう。

5節　里の物質循環

(1) 水

水田はダムの役割を果たすと言われている。棚田などを見るとまさに小さな滝かダムという感じがする。実際、どれくらいの貯蓄能力があるのか調べてみよう。方法は、Google Mapsの面積を測る機能を使って流域の水田面積を調べ、水田で水を張ったときの水位を掛ければよい。水田水位はあちこちに出かけて測定をし、平均値を用いる。これで、この地域の水田ダム機能がわかる。森が緑のダムということなので、こちらのほうは里のダムということになる。

(2) リン、窒素、鉄

水田に限らず、農地には大量の肥料が投入され、農産物がつくられている。ここから流出するリンや窒素は相当な量になり、河川の生物に影響を与えているだろう。実際、京都北部を流れる由良《ゆら》川でおこなわれた窒素、炭素の調査では、河川に流入する有機物の起源は生活排水だけでなく農業からも多く流れ込んでいるという。

江戸時代のような昔であっても、肥料の不足は深刻で人の糞尿の値段が高騰したり、干鰯《ほしか》など海からの肥料に依存したりしていた。人はたくさんの肥料を水田に撒いたのだ。よって、自然状態よりも多くの有機物が河川に流れ込んでいたに違いない。近代になって化学肥料が大量に使われるようになると、さらに多くの肥料分が流れ出し、湖や海の富栄養化の一因となった。化学肥料にはもう一つ発がん性を持つニトロソアミンという窒素化合物が生体内で生成されるようになるという問題もある。有機農業とて耕地に肥料を投入している点では変わりない。

肥料をなくすことはできない。それならば、必要なだけ耕地に撒き、作物が効率よく吸収して後に残さないような農法を考えればよい。そんな方法はあるだろうか。

里地域での物質循環には農業の他、生活・産業活動から出てくる排水が大きなウエイトを占めると思われるが、生物経由による物質循環にはどんなものがあるだろうか。例えばカワウはアユの大敵として嫌われるが、水系から陸地への物質移動に貢献していないだろうか。同じことがサギ類、ミサゴ、水生昆虫類についても言えそうである。ナツアカネ、アキアカネのように夏の時期山に上がり、秋に田んぼに帰ってくる昆虫の場合、山で死んでしまう個体もいるだろうから、このことで物質を山に運んでいることになる。どうやって調べればいいのだろう。

森と海のつながりを示す例として、森の腐植土中の鉄がフルボ酸鉄として海に下りプランクトンの成長に役立っているというのがあったが、フルボ酸鉄は水田、湿地からも流れ出しており、海の生産に寄与している。有機農業をおこなっている水田では、有機質肥料が数年で森と同じような腐植土に変わり、フルボ酸鉄となって流れ出すのだ。

しかし、物質循環という点から里を見ると、先述したように有機農業も多量の物質を河川に排出していることに変わりはない。主に水田地帯から排出される窒素やリンなどの河川に及ぼす影響はどのようなものか、別に検討してみるのがいいのではないか。

(3) 農薬

農薬については農薬支持派と農薬反対派が激しく対立していると考えられる。おおまかに言うと農薬支持派は農薬が食料生産に大いに貢献していること、農薬は安全であることを強調する。農薬反対派は農薬の危険性を強調するという形になっている。ここは里編の一つの山だ。両者の意見をまとめてみよう。

A　農薬支持派

支持派の立場で言うと以下のようになる。

農薬は戦後の食糧難を解決する手段として一役買った。もし、農薬を使用しないでいると図 4-12 のように減収率はおおむね２割から７割となり、価格は高騰し食料の供給はおぼつかなくなる。生産者にとっても農薬はありがたい存在で、例えば水田での一番の重労働と言えば草取りだが、戦後すぐの頃、除草時間が１反（10a）あたり 50 時間であったものが、平成２年（1990 年）には２時間となっている。農家にどれだけ貢献したかわかるというものだ。

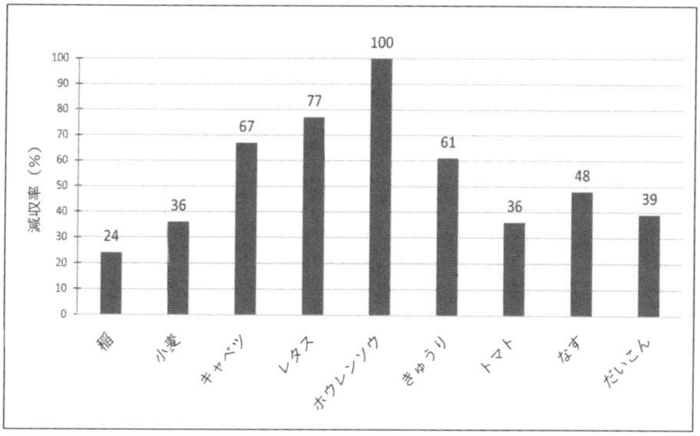

図 4-12　農薬を使わないときの減収率
（『病害虫と雑草による農作物の損失』〈日本植物防疫協会ホームページ〉より）

最近は有機農業推進法も出来て化学農薬・肥料を使わない農業も推進されているようだが、よく考えてほしい。有機農業で安全な農産物を提供するというが、日本で有機農業の割合はわずか0.5％にすぎない。有機農業、減農薬を含めた環境保全型農業全体でも5%だ。これでどうやって日本の食料を供給するのか。有機農業では化学的に合成された農薬や肥料を使わないが、天然物なら使う。化学品は有害で天然物なら安全と言えるのか。環境保全型農業は殆ど意味がない。

農薬の安全性については何ら問題ない。まず、農薬登録のためには急性毒性、長期毒性、発がん性、催奇形性、変異原性、水産動植物への影響など

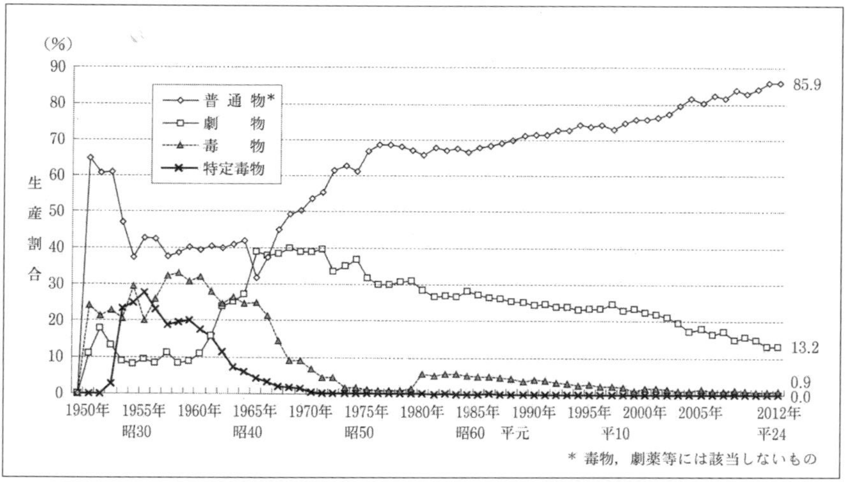

図 4-13　農薬の毒性別生産額割合（『農薬概説（2014）』〈日本植物防疫協会〉より）

27 項目もの試験をクリアしなければならず、人体に危険なものは除かれる。**図 4-13** に示すように最近の農薬は 8 割が普通物で、かつてのパラチオンのような毒性の強い特定毒物指定の殺虫剤は燻蒸剤としていくつかあるのみで、耕地に散布するものはもはや存在しないし、毒物が 1%、劇物も 13%ほどである（農薬は毒性の高いものから順に特定毒物、毒物、劇物、普通物に分けられる）。

人への影響は殆ど考えられないことと合わせ、環境への影響も殆どないと言ってよい。DDT のように土壌中での半減期（光分解などで半分に減る時間）が 15 年にもなるような農薬はすでに登録抹消で、農薬登録する際は半減期が 180 日（6 ヶ月）でなければならない。水生動植物試験もコイ、ミジンコ、藻類と動物植物でおこなっており、安全性は確保されている。

農薬をことさら悪く言うマスコミや学者のせいで、本当の農薬のイメージがねじ曲げられている。「農薬は毒」という信仰が広まっているのだ。これは間違いだ。医薬品も量を間違えれば毒になるし、塩や砂糖でさえ多量に吸収すれば毒となる（例えばラットに対する塩の LD_{50} 値は 3,000mg/kg）。毒と薬があるのではなく、作用量が少なければ薬、多ければ毒となるのである。国民の無理解もある。昔、パラチオンで死者が多く出たり、DDT が環境汚染の主役のように言われたことが尾を引いているかもしれない。農薬は正しく使えば全く問題ない。そのように設計されている。確かに科学の進歩によって、これまで問題なしとされたことが改めて問題となることもあるかもしれないが、実際には殆どないと思われる。

B　農薬反対派

反対派の立場で言うとこういうことになる。

まず、有機農業では食料をまかなうことはできない、とするのは間違いだ。ワシントン大学のリガノルドとワッヒターは『Nature Plants』に論文を発表し、世界の人口を有機農業で養えるとしている。今の 70 億人の人口でも十分な食料は生産されており、30 ～ 40%は無駄になっている。問題は量を増やすことではなく、環境にフレンドリーな農業と食料が必要とする人に届くことだ、という。有機農業は、他の革新的な農法とバランスを取りながらおこなう必要がある。ただし、消費者は環境を守るためにコストを支払う必要があるとしている。日本でも同様だ。有機農業で食料自給は可能なのだ。

岡田幹治『ミツバチ大量死は警告する』（集英社新書）では、EUが目指す「総合的有害生物管理（IPM）」を紹介し、農薬を使わないような農業を目指すべきとしている。IPMでは適地適作、輪作などの耕種的防除、防護ネットなどの物理的防除、天敵などの生物的防除で対応し、どうしてもダメなときだけ天敵に影響が出ない範囲で化学的防除をおこなうというものだ。これは日本でも「総合防除」として昔から知られている。あるいは、EUや韓国でおこなっているように環境保全対策をしている農家には、直接支払いという補助金を出すべきだ。

農薬は安全だという考えにはかなり問題がある。この立場の人は十分な毒性試験をしているというが、ラットやイヌが対象である。人では実験できないので仕方ないが、種が違うと反応が違う。この際、出てきた数値に1/10を掛けて人への影響濃度としているが、1/10には根拠がない。群馬県でおこなわれた松枯れ対策の空中散布では周辺住民に頭痛、全身倦怠、動悸などの症状が出た。動物実験では安全とされたのではなかったのか。そもそも頭痛や全身倦怠などがラットやイヌの動物実験でわかるのか。

長期毒性についても調べてはいるが、不完全である。これまでの科学的知識でつくった毒性試験方法が対応できないケースがある。近年、脳と遺伝の研究が進み、脳の発生に関する知識が蓄積してきた。同時に先進国で自閉症、注意欠陥多動症、学習障害などの発達障害者が増えている。発達障害の原因は遺伝的、社会的と色々あるが、その一つに農薬があげられる。

米国小児科学会が農薬による脳の発達障害について警告を出し、ハーバード大が有機リン系農薬によって注意欠如・多動性障害のリスクが2倍高まるという論文を出した。欧州食品安全機関はニコチノイド系農薬と子どもの脳の発達神経毒性がある可能性を認め、2018年にはニコチノイド系7種のうち、3種を屋外使用禁止とした。脳の研究が進み、農薬の分子的な作用が見えるようになってきたのだ。

日本では1 km^2 当たりの耕地に散布する農薬の量がきわめて多い。国際比較をすると1番は韓国で日本は2番目だ。3番英国、4番米国と続く。そして、自閉症、広汎性発達障害の有病率を見るとなんと、1番韓国、2番日本、

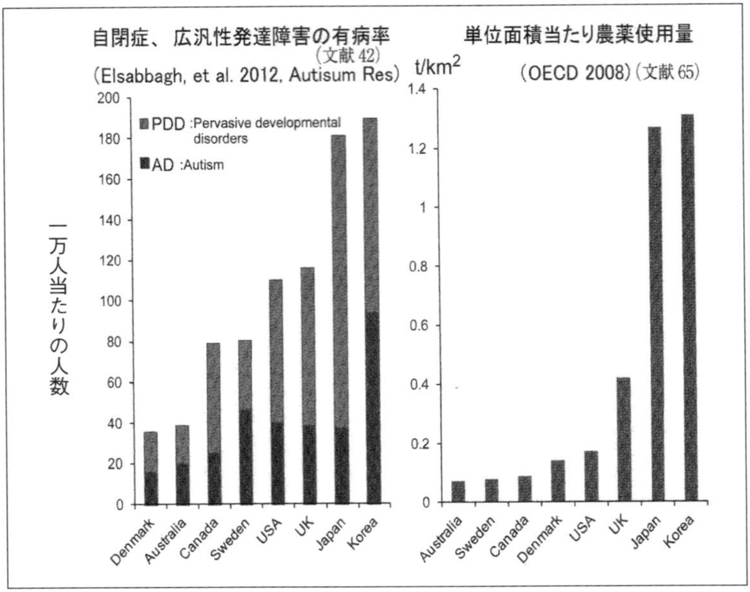

図 4-14　農薬使用量と発達障害との関連
PDD：広汎性発達障害、AD：自閉症
(『発達障害の原因と発症メカニズム』〈河出書房新社〉より)

3 番英国、4 番米国と、散布農薬量の順と一致しているのだ（図 4-14）。これが偶然だろうか。これまで耕地に散布してきた農薬が引き起こしていた問題、最近引き起こしている問題が実験的にも疫学的にも確かめられたということではないか。これまで農薬の毒性といえば、死亡率、発がん、奇形など劇症的な現象に注意が向けられてきた。イヌの実験で発達障害は検出できるだろうか。人の発達障害は、社会に出たときに社会死という現象で現れるのだ。新しい知識によって毒性試験の不完全なことがわかったのだから、新しい試験ををどのように追加すべきか検討する必要があり、安全だなどということはできないのである。

環境への影響は甚大である。ミツバチの巣が崩壊する事態が起こっている。水産動物以外の有用生物（ミツバチ、天敵昆虫等）への影響に関しても試験をしているというが、どうしてこんな事態が起こるのか。鳥類等への影響試験も、「必要に応じて」ではなく必須とすべきである。水生生物への影響もコイ、ミジンコ、藻類の3種類では少ない。このようなことも安全説に疑問を抱かせるのだ。

国連の特別報告者エルバーは「世界の食料をまかなうために農薬が必要だというのは作り話だ。農薬会社は農薬を規制しようという国際的な動きに対して、農薬に害はないという宣伝や反倫理的なマーケティング、政府へのロビー活動を通じてこれを麻痺させようとしている」と述べている。人口が70億から90億になっても食料は足りる。問題は、先のリガルドとワヒッターの言っていることと同じで、貧困、不平等、分配の偏りであるという。

日本でも農薬の規制が緩く、大量に使われているのは農薬利権に群がる人々がいるからだ。農薬をつくるメーカーにお墨付きを与える農水省、これを支える農林族議員、さらに農薬安全神話づくりに研究者やマスコミが取り込まれる。政・官・業・学・報のペンタゴンが存在する。

C　農薬問題のまとめ

「農薬は必要派」と「農薬は不必要派」が対立している。「農薬なしに十分な食料は確保できるのか」対「食料生産のためだからアレルギーや頭痛などは我慢しろというのか」とも言える。さて、どちらの考えを支持すべきか。

確かに農薬の中で毒物・劇物が減り、普通物の割合が増えた。全体として毒性は下がってきており、良い方向に向かっているということは言える。ただし、普通物というのは砂糖や塩のようなものとは違う。毒性はあるのだから、誤解を避けるために「低毒性」と言い換えるべきだろう。

リスク管理という考え方もある。原発、医薬品、交通事故、災害など、日常にはリスクが様々ある。すべてリスク0にすることはできない。私たちは様々なリスクと何とか折り合いをつけて生きている。農薬もその一つと考え、どの程度のリスクなら許容するか。リスク管理の方法が課題として可能であれば、検討してみるのはどうだろうか。

農薬賛成派はなぜ農薬だけ悪者にするのか、とも言う。例えば、ストレプトマイシンは野菜、ミカンの病気に効く殺菌剤であり、医療では肺結核に効く抗生物質である。ミカンに殺菌剤のストレプトマイシンを散布したと言えば、何だか危険なものを振りかけたような気がするのはなぜだろう。医薬品の場合は、治験期間を短くしてもっと早く認可してくれという声さえある。

農薬と医薬品のイメージがどうしてこうも違うのだろう。医者という専門家が処方するか、それとも農家という素人が使うか、の違いか？ 課題として検討してみてはどうだろう。

農薬反対派からすると、農薬の毒性についてあまりにも致死性や発がん性など激甚な症状に注意が偏りすぎということになる。発達障害など致死性はないが社会生活に大きな影響を及ぼす問題の引き金になっているのに、試験もされていない。環境にバラ撒く薬剤が今は問題にならなくとも科学知識の進歩で問題として“発見”されることもあるだろう。環境全体への影響が考えられるのに、調べられている生物種や試験はあまりにも少ない。

森里海の関連では、メソコズム実験というのがおもしろそうだ。環境省がおこなっており、水田に模したタンク（人工水田）を２種に分け、一方には無農薬、もう一方には農薬を処方して、その後の生物相について調べるというものだ。ミジンコや昆虫は土の中あるいは飛んでくるが、メダカなど入れてもいいかもしれない。厳密な分析もあるようだが、そんなことは気にせず、自分たちに合った形に変更すればよい。

農協・ホームセンターで農薬販売量のデータをもらい、水田などにどれだけの農薬が散布されているか推計してみるのもおもしろい。もちろんその年にすべて使われるわけではないだろうが、結局は使用されると考えればそれほど間違ってはいない。

ミツバチ、クマバチなどの訪花昆虫の調査は、ネオニコチノイド系殺虫剤がミツバチ減少と関係していることからおもしろいテーマになるだろう。種類と変動を追跡してみるのはどうだろう。

6節　農業

林業のところでも述べたように、環境教育が“自然栄えて村滅ぶ”では元も子もない。農業についても今後の可能性について触れておきたい。農業分野では多くの識者が「伸びしろがある」と言っている。制度的な制約がなくなり、技術革新が進み、土地の集約が進めば、オランダのような農業大国になれるそうだ。このような農家もある一方で、有機農業のように安全な食べ物を提供することによる経営や小規模畑作で経営を成り立たせている農家もある。どちらにせよ、農業は農業人口の減少、高齢化で衰退の一途をたどっていることは間違いない。

しかし、農業が衰退すると何がマズいのか？ 食料自給ができなくなることか？ それならば、やる気のある農業者に土地を使ってもらうようなしくみにすればいいのでは。『限界集落株式会社』（小学館）という小説がある。MBA を持った多岐川という人物が、高齢者ばかりの限界集落を再生させてゆく話だが、はじめは経営しか見ていなかった多岐川は農村で様々な見方をするようになる。減農薬農法（有機農法）、観光農園などの取り組み、映画『WOOD JOB！』のように都会で生きづらくなった青年たちが自分の居場所を与えられ、再生してゆく内容も盛り込まれている。都会の人が農村の人を凡庸で変化を望まず、運命に身を任せている人たちと見ていることや、逆に農村の人は都会の人に対して現実を何も知らないで理想ばかりをこね回す人たちと見ていることなど、都会人と農村人の対立そのものがあちこちにあって、また現実を言い当てているようで非常におもしろい。農業は食えるのか？ 将来はどうなるのか？を考えてみよう。

(1) 農業で食えるのか？

農業でどれくらいの収入があるのか。データや資料から概要を把握してみる。この地域で昔からおこなわれているのは米、ワサビ、コンニャク、シイタケなどである。農水省のホームページに『わがマチ・わがムラ－市町村の姿－』があり、市町村別の経営体（販売農家数とほぼ同じ）当たりの農業産出額を見ることができる。益田市では畜産の大規模経営体があるので、これを除いて米、野菜、果実で見ると益田市は販売農家当たり 205 万円、津和野町は 111 万円、吉賀町は 171 万円となっている。全国平均では 185 万円なので、全国平均に近い。産出額から必要経費を差し引いた収入はさらに下がるので、農業だけでは食えないということになる。

近くの JA でお話を伺ったときも同じことを言われた。私の近所の話としては、ワサビで 20 万円、コンニャクで 20 万円、米で 100 万円合わせて 140 万円、年寄りが多いのでこれに年金を足して何とか生活しているという感じになる。いずれにしても単作大規模農業は無理で、いくつかの作物の組み合わせということになる。

『小さい農業で稼ぐコツ』(農文協)では家族で30a(3反)の畑を耕作し、少量多品種、加工、直販までやって年間1,200万円の産出額、必要経費を差し引いた収入は600万円あるという。アイデアと工夫の積み重ね次第では、小さな耕作地でもここまでできる。

私は田舎の学校でずっと勤務してきたわけだが、「将来農業をやりたい」と言った生徒は1人しかいなかったということは先に述べた。都会から農業に新規参入した人のレポートを読むと、「農業は飽きない」「農業は楽しい」という言葉が目立つ。それならば、このような人たちに農業を任せればよいのではないか。かつては長男だからという理由で無理矢理農業を継がされたが、今はそのようなことはない。農業が人を不幸にしなくなったということだから、良いことだ。

因みに、給料BANKのホームページ「職業年収ランキング」を見ると、20代のイチゴ農家50万円、レタス農家46万円、リンゴ農家41万円、トマト農家42万円、米農家41万円、ミカン農家32万円などとなっている。これだと年収が400万円から600万円ということになり、ちょっと多すぎるという気もするが、正確なことはわからない。

有機農業はどうだろうか。吉賀町柿木では1980年代から有機農業に取り組んできた。都市部の消費者から安全な食物が欲しいという要求があり、農薬を使用しない野菜を供給してきた。流通部門の組織として「エポックかきのきむら」を立ち上げ、広島市内のスーパーには柿木ブランドの野菜を売る場所をつくるなど、販売部門も強化してきた。新規農業者は有機農業分野に多い。さて、有機農業者の仕事、収入、今後の可能性は？ これは課題・テーマとしたい。

環境の授業では吉賀町柿木の有機農業家・三浦成人氏にお願いし、さといも収穫体験とお話を伺った。イモ10kgを1万円で売ること、労力の割には稼ぎが少ないこと、農薬を使わないこと、土の中にミミズや甲虫の幼虫が多いことなどを実体験で学んだ。生徒は、「さといもを高く売るにはどうしたらいいか」「農薬を使う方法と使わない方法で野菜がどう違うか」などの課

写真 4-5　さといも収穫体験

題・テーマを見つけた（写真 4-5）。

また、別の機会には、吉賀町柿木で 1980 年代から有機農業を支えてきた福原圧史氏の紹介でアイガモ農法を見学した（巻頭カラー P3 参照）。アイガモ農法では除草のためにアイガモの雛を水田に入れるが、雑草を食べるほか、虫も食べ、糞は肥料となるので一石二鳥にも三鳥にもなる。欠点はうまくやらないと稲の葉や穂も食べてしまうこと、米の価格が高くなること、8 月に田んぼから引き上げたカモの処理を業者に頼むと費用がかかることなどである。米は農薬を使用しない安全なものなので生協、学校給食などで需要がある。

その他、益田市には肉牛の大規模農場があったり、果樹園があったりと見学場所はいくつもあるので、このような場所でも見学、実習体験等を通じて課題・テーマを見つけたいところだ。

(2) 農業を取り巻く環境

木材価格が戦後間もない時期に自由化されたのに対し、農産物、特に米は長い間保護の対象とされ、そのために批判の対象ともなってきた。保護の根拠は食料自給率だ。食料自給率は国内で消費された食料のカロリーのうち、国内で供給されたカロリーの割合だ。現在 39% しかないが、長い間、主食自給率を保つため米などは保護されてきた。しかし、よく考えてみると、食料が不足するような緊急事態に人々は現在のような飽食を続けるだろうか、という疑問もある。そこで新たに食料自給率は生命を維持するための最低限のカロリーを元にして考える「食料自給力」が考案された。

現在の農地（470 万 ha）なら米・麦・大豆中心の食事で 1 日 1 人 1,800kcal を供給できる。イモ中心なら 2,400kcal/ 日・人だ。最低限の必要量を 2,000kcal/ 日・人とすれば、現在の耕作面積でもほぼ 100% 自給できそうだという計算になる。今後は放棄地が増え、耕作面積が減るだろうが、人口も減るので米・麦・大豆中心の食事で供給できるエネルギー量は増えることになるかもしれない。単純比例計算すると、現在1.2億人で1,800kcalなら1億人になったときで2,100kcalくらいになるのではないか。人口が減ることは食料自給の不安が減るということでもあり、悪いことばかりではない。ただ、食料自給率の計算には魚も加えているので、漁獲量が減少していることは注意を要する。

長い間続いてきた米の保護政策も2018年、生産調整廃止で終わりを告げた。これからは、つくりたい人が自由につくることができるようになる。生産量が増えれば価格が低下し、多くの兼業農家が米づくりを放棄すると考えられている。現在でも、5反（50a）以下の田んぼで米づくりをすると収支はマイナスになる。高齢化の問題もある。農業従事者の平均年齢は67才となっている。人口も減少し米離れも進んでいるので、これから需要が増えるという当てもない。小規模でこれまで通りの米づくりをしても未来がないことは、ほぼみんなが承知しているだろう。

別の見方もある。兼業農家が農地を放棄すれば、これまで難しかった農地の集約化が一気に進む。農業は米だけではない。野菜などはそもそも保護などされていないので、やる気のある農業者が規模を拡大してゆくという。米も規模拡大が進み、効率的な農業で価格が低下し、国内需要と輸出量も増えるかもしれない。農業輸出は現在、全体で6,000億円だが、1兆円も夢ではないという。行政による保護政策や農協の改革が進めば、アイデアとやる気のある農業者や企業によって成長産業になるはずだ。なぜなら農業には伸びしろがあるのだから。

このように、農業には暗い見立てと、明るい見立てが両立している。

(3) 農業の未来

林業では新しい集成材や新素材として新しい活用の世界があるが、農業でも食そのものが変化するという新しい世界が来るかもしれない。例えば、コオロギの食材化やクリーンミート、ビヨンドミートなどの人工肉が当たり前になるなどである。クリーンミートは組織培養で肉を培養し、ビヨンドミートは植物プロテインを固めて色、味とも肉そっくりにつくる。こうなると、畜産業はどうなるのか。もっとも、動物愛護団体からは歓迎されているそうだが。

植物工場も当たり前になるかもしれない。近所にあるトマト生産ハウスを見学したが、土を使わない方法であった。ハウス内は温度、湿度、光、二酸化炭素、水の供給はコンピュータ管理で自動化されていた。植物工場だ。トマトでは難しいと言われている水やりが自動なので、「素人でもできる」ということだった。今後は、AIによる植物工場が様々な野菜や果物に応用されるかもしれない。もしかすると、米、麦のような土地利用型の作物も5階建てのビルで、などということもあるかもしれない。

一方で、食の安全を求める消費者はなくならないように思う。植物工場が進化しても病害虫が発生すれば薬剤を使うだろうし、どれだけ安全だと言っても化学物質に対する感受性の高い人はいるからだ。

(4) 里の環境と農業の両立

里はもともと湿地であった。そこで、里を3つに分けてはどうだろう。原自然の湿地に戻す部分、水田・畑・果樹園で環境を保全する農業をおこなう部分、水田・畑・果樹園で近代的な農業をおこなう部分である。耕作放棄地は耕作の難しいところなので、湿地に戻す候補となる。環境を保全しつつおこなう農業は有機農業、自然農業などである。近代農業を放棄することは難しく、農薬等の規制も改訂しながら維持してゆくということになるだろう。検討してみてほしい。

7節　課題・テーマになりそうなこと

色々な課題がありそうだ。これまできっかけづくりのための授業をおこなったものはいくつかあるが、実際におこなったものは少ない。

①湿地、水田の再生

里のもともとの姿である湿地や江戸時代の生物豊かな水田は、どのようにすれば再生できるだろうか。放棄田を使うことを考えてみよう。地域全体で均等に分布するような姿を考えてみよう。川と水田のつながりも忘れないように。

②ふるさとイメージの再現

人々が持っているふるさと・里のなつかしいイメージはどんなものだろうか。インタビュー、アンケートなどを駆使して、その地域における「ふるさと」を絵などにして、「見える化」する。

③「追いイヌ」で有害鳥獣防止策

集落にイヌを放すことでイノシシ、シカ、サルなどが農作物を荒らすのを防ぐ方法を検討してみる。人への危害が一番の注意点となるだろう。各地の取り組み、法律的な問題など色々調べてみる。

④動物カメラでの観察

森のところでも述べたが、野生の哺乳類は夜活動するものが多いので、なかなか観察できない。田んぼ、畑などでよく出没するところにカメラを仕掛けると行動観察ができる。名前、連絡先などを書いたプレートを忘れないこと。

⑤田んぼの生物調査

トンボの脱皮殻を数えることで、個体数の変化とその原因を推定する。『評価マニュアル』を使えば、統一したやり方で生物調査ができる。他校との比較も可能となる。特に農薬田と非農薬田の調査は欠かせない。授業としても取り入れたいところだ。

⑥川の資源管理のあり方

アユなどを含めた資源管理は、今のままでよいか。漁業調整規則などの法律を検討してみよう。漁業者の利益に偏りすぎてないか。みんなが利用するような新しい形はあるのか、検討してみる。

⑦魚の隠れ家、産卵床

川はコンクリートばかりで、魚の隠れるところが本当に少ない。石を重ねてドンコやウナギの隠れ家をつくり、観察をおこなう。すぐに入れば住宅不足ということだ。大水が出れば流されるかもしれないが、またつくればよい。このような活動から、何かわかってくるかもしれない。河川法にも注意を。

⑧水生昆虫による水質調査

歴史のある水質調査で、やり方も確立されているので、ぜひ授業にも取り入れたいところ。

⑨外来生物は排除すべきか

オオカナダモは明治期、日本に入ってきた外来種である。実験室から野外に逃げ出して池や川で繁殖しているが、これは排除の対象とすべきか。川でどんな働きをしているのか調べると、意外な面が見えるかもしれない。その他、河原のオオキンケイギク、ニセアカシアなども調べてみよう。

⑩肥料はどれくらい使われているか

水田・畑に散布された肥料の一部は川に流れ込み、富栄養化の一因となっている。ホームセンター、ＪＡなどで購入データを入手できれば入手し、川に流れ込む肥料の量を計算してみる。森林から出てくる窒素やリンについては研究があるので、これと比較してみる。

5章　海と漁業

2001年に「水産基本法」が制定され、林業や農業と同じく水産分野でも生産性の向上だけでなく、水産業・漁村の多面的機能について注目されるようになった。海岸や沿岸域について生態系の保全、遊漁、レクレーションなど漁業以外の問題を考える土壌が出来たということだろう。

都市部において、海・沿岸域は高度成長期以降、人々のアメニティーの場所として魅力を失った。かつての護岸はコンクリートで固められ、建築物に遮られて人が近づけなくなった。日本の干潟の面積はここ50年で4割減少した。実は、沿岸域の改変は江戸時代から始まっている。まず、森－里－海の終着点としての海・沿岸域の歴史をたどってみる。

国内の食料自給率は約40%であるが、この中に含まれている水産物の自給率自体は約60%となって減少傾向が続いている。遠洋漁業について国際規制が強化されたり、気候変動など環境の変化によって資源量が変化したことなどが原因とされているが、最大の原因は魚の捕りすぎだ。おまけに漁業者は減少し、高齢化している上、新規参入が難しい。漁業でも林業や農業と類似の問題を抱えている。

さて、森編や里編と違って海編では課題・テーマを探すのに大変苦労する。海は広く雄大だが、森里海という文脈で取り組める手頃なテーマを見つけようとすると意外にないのだ。少し範囲を広げれば、ウナギ、マグロ、イルカ、クジラなど実験や観察は難しいが、動物倫理、資源問題、離島における漁業振興と防衛問題などいくつも出てはくるが。

1節　沿岸の歴史

(1) 古代

縄文海進が終わったBC2000年頃の海岸線が今日の海岸線となる。人々は海岸の近くの小高い丘に住み、ハマグリ、アワビ、サザエ、海藻を採って暮らしていた。木や骨で釣り針をつくり、魚も釣っていた。人々の活動が自然に与える影響は殆どなく、逆に自然が人々に影響を与えていた。

(2) 近世

A　開発

人間の活動が沿岸域に影響を与え始めるのは、戦国時代の終わりから江戸時代にかけてである。16 世紀末には戦国大名による治水事業が盛んになるが、同時進行で湿地を水田化し、海岸を埋め立てて水田を拡大するなど、耕地開発も進められた。

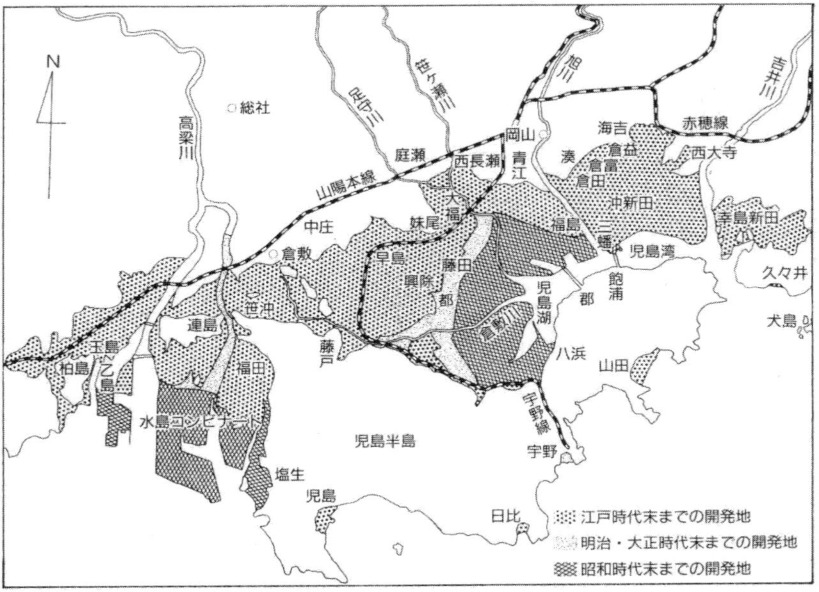

図 5-1 岡山平野の開発の歴史（『よみがえれ児島湖』〈山陽新聞社〉より）

岡山県の児島湾は中世の頃、「吉備《きび》の穴海《あなうみ》」と呼ばれる遠浅の海で、児島湾の南に位置する児島半島は児島と呼ばれる島であった。東の吉井川（133 km）、真ん中の旭川（142km）、西の高梁《たかはし》川（111km）（図 5-1）はいずれも鳥取県との境あたりを水源とする一級河川で、古くからたたら製鉄がおこなわれ、大量の土砂を海に運んでいた。

戦国時代末、宇喜多秀家《うきたひでいえ》による干拓・新田開発が始まった。江戸時代のはじめには高梁《たかはし》川河口付近の東側が干拓されたことで児島は陸とつながり、児島半島となった。江戸時代の岡山は三名君の一人と言われた池田光政から始まる池田藩政の時代である。池田光政は津田永忠《つだながただ》を登用して活発に干拓事業をおこない、池田藩政の10代、240年間に約6,800haの干拓をおこなった。

熊沢蕃山《くまざわばんざん》は陽明学者として池田光政に仕え、治山治水について藩の方針とは違う考えを述べていた。先述したように洪水などの災害は森林伐採によって山が荒廃していることが原因だから、森林を保護し、新田開発もやめ、寺社の新築、塩田開発もすべきでないとし、干拓にも一貫して反対した。結局、藩や周囲と対立して岡山を去ってしまう。

明治になると、大阪の豪商・藤田伝三郎が児島湾の大規模干拓に乗り出す。事業は戦後国営事業として農林省に引き継がれ、最終的に約5,700haが干拓され、4,300haの水田が誕生した。しかし、干拓地では水不足と塩害に悩まされた。これを解決する目的で1950年から児島湖淡水化事業が始まった。この淡水化事業は島根県の宍道湖・中海淡水化事業の先駆けとなったものなので、私自身、島根の淡水化問題を考える際に重要だと考え児島湖まで調べに行ったことがある。

江戸時代には全国的に経済活動が盛んになり、干拓による新田開発は各地で盛んになった。児島湖をはじめとする瀬戸内海沿岸、有明海沿岸、木曽川下流、利根川下流の一帯などである。この時代の干拓はコンクリートもなかったので、堤防を造りたいところに木の丸太を打ち込んで立て、この丸太に流れてきた小枝や竹が絡まって下に泥がたまり、泥が水上に顔を出すようになるとアシが自然に生えて土が固まる、といったような原始的な方法であったようだ。

しかし、原始的でゆっくりした開発であっても、海岸の風景は変えたであろう。白砂青松という言葉がある。江戸時代の風景画に登場し、日本人の美意識の一つにもなっている「三保の松原」などの海岸にある松林は、干拓地の水田を塩害や風・砂の害から稲を守るための防風林、砂防林として植えられたものであることはよく知られている。白砂青松の松は人工林なのだ。江戸時代の開発によってつくり出された美しい人工景観というわけだ。

B　漁業

漁業が一つの産業として発達したのは江戸時代に入ってからである。江戸では1700年頃から魚の消費が増えた。このことは古い和紙に含まれる髪の毛を分析することでわかるのだという。江戸の他にも大坂、京都の大消費地が生まれ、農産物とともに水産物の需要が増大した。また、農業では人糞や家畜の糞でも足りず、干鰯《ほしか》など海からの肥料が必要となった。九州や北陸の他、千葉県沖や北海道の干鰯が有名である。北海道では鰯《いわし》の他に鰊《にしん》、もったいないことに鮭までも肥料として売られたという。

日本各地での漁業技術がそれほど高くなかった当時、特に進んだ技術を持っていたのは紀州の漁民だったようだ。彼らは北陸や千葉県の房総半島、瀬戸内海へと進出し、漁法や加工法など漁業技術を伝えた。魚種はチヌ、カレイ、エビ、タコ、ナマコなど多種に及ぶが、九十九里浜で地引き網をする際に対象としたのは鰯であったというから、肥料として売るための漁業がかなりのウエイトを占めていたのかもしれない。そうだとすると、江戸時代は海からの物質移動がなければ3,000万人の人口を維持できなかったということになるだろう。

静岡県沼津市の内浦湾という入り江では、マグロ、カツオ、イルカが伊豆七島に沿って北上し、狭い湾の中に入ったところで入口を網で遮って捕獲する建切網《たてきりあみ》という漁業があった。マグロが目と鼻の先の内湾まで大量に回遊してくるというのだから、うらやましい時代である。こんな時代があったのだ。

(3) 人口拡大と沿岸の開発

森編、里編で見たように、海編においても沿岸の開発は人口拡大に伴う文明的な現象ということができるだろう。干拓による水田の拡大は米を中心とする当時の経済の中では当然のことで、熊沢蕃山《くまざわばんざん》のような今日から見ると先見の明とも言える意見は無視された。岡山平野の耕作地は25,000haあるが、このうち20,000haが干拓によってつくられた。干潟に生活していた貝類、カニ類、海藻、無脊椎動物の類は棲み家を失った。大消費地の発展によって需要が増大し、漁業技術の発展もあって漁獲量は増大したと思われる。交易のための港整備、塩田のための海岸改良などもあったので、海岸はその姿を大いに変えたに違いない。ただ、社会の生産力はまだ低く、一般的には自然度が保たれていたと言えるだろう。

(4) 戦後の沿岸

A 沿岸での農地拡大

戦後の食糧増産のために沿岸域で干拓事業がおこなわれた。宮崎県川南町は日本三大開拓地の一つで、約3,000haの原野が開拓された。秋田県大潟村では日本で2番目の湖・八郎潟を陸地化して農地を造成した。八郎潟は汽水湖だったのでシジミ、シラウオ、カレイ、コイなど多種の漁業資源があったが、これらは完全に失われた。昔、八郎潟の農家に聞き取りに伺ったことがある。冬は湖面に氷が張るが、これが一部溶けると風に吹かれて湖岸に打ち寄せ、戸板《といた》のように並んでいたという話が印象的だった。冬は氷を割っての漁もあったらしいが、八郎潟の冬は厳しかったのだろう。

中国地方では岡山県の児島湖淡水化事業、島根県では宍道湖・中海淡水化事業がある。宍道湖・中海淡水化事業は中海の2,500haを陸地化して農地とし、汽水湖である宍道湖・中海を淡水化して農業用水とするというもので、昭和38年(1963年)に始まった。食糧増産が目的であった。しかし、米余り、住民の反対運動の盛り上がりなど、紆余曲折を経て2002年に中止が決まった。宍道湖では工事はおこなわれていないが、中海では堤防などがすでに造られている。漁については宍道湖でのシジミ漁が続いており、中海での漁業は消滅した。

B 高度成長

沿岸を激変させたのは戦後の高度成長政策である。文明的な要因の上に社会経済制度的な要因によって激変が起こるのである。明治以来、日本は急激な近代化を進めてきたが、戦後になるとその勢いは強まった。1960年の所得倍増計画では、社会資本の充実策の一つとして港湾整備が挙がっている。1962年には全国総合開発計画(第一次計画)が打ち出され、地方へのコンビナート誘致が計画された。地方では沿岸を埋め立て、工業用地を整備し、港湾をつくり、企業を誘致しようとした。四大工業地帯として発展していた京浜、中京、阪神、北九州の他に岡山水島、大分鶴埼にもコンビナートが誘致された。こうして工場群が立ち並ぶ沿岸に人は立ち入ることができず、釣りも潮干狩りもできなくなったことで、人々のアメニティーが失われた。さらに企業は汚染対策費用を節約し、利益を上げようとしたので工場からは煤煙と排水が無処理のまま排出され、深刻な公害を発生させた。

その典型的な例が熊本水俣病である。日本窒素肥料株式会社は肥料のカーバイド、石灰窒素などを製造していた。途中のアセトアルデヒド製造過程で触媒として使用する無機水銀はメチル水銀に変化する。会社はこの廃液を処理せず、不知火海に放流していた。メチル水銀は神経系を破壊し悲惨な死に方をする。患者が多発し始めた 1957 年頃から関係機関の研究が始まり、会社の幹部も原因が工場にあることは気づいていたと思われる。しかし、紆余曲折あり政府が水俣病の原因が日本窒素肥料水俣工場の排水にあると正式に認めたのは 1968 年である。会社はこの発表の少し前に水俣でのアセトアルデヒドの製造をすでに終了していた。市場経済のもとで殆ど規制もなく利益だけを追求すれば、沿岸域の環境にも人の健康にも大被害が起こるという典型的な例である。

1969 年には、石原産業四日市工場が硫酸排水を何年も前から海に垂れ流しているという事件があった。

1970 年、静岡県田子の浦では周辺の大小 150 の製紙会社が廃液を海に垂れ流していた。海底はヘドロと化し、卵の腐ったような悪臭を発していた。『日本の漁業』（岩波新書）では、この田子の浦の事例を海が公害によるダメージを受けた最初の事件として深く印象に残っていると書かれている。

瀬戸内海では、1960 年代から赤潮が発生し漁業被害が生じた。水島工場地帯や岩国、徳山（周南）などを中心に瀬戸内一帯が汚染されたと思われる。徳山（周南）市で「あの頃は、徳山にも水俣と同じ工場があったので第３の水俣病が発生するのではないかと噂していた」と周南市の人に聞いたことがある。

防災のための護岸工事も人々を海から遠ざけている。日本は災害が多く災害復旧工事が絶えない。戦後のある時期、沿岸施設の本来の管理者である地方自治体が単独で経費を負担するのは無理だということになり、国庫負担が始まったらしい。国が推進役となったことで、それ以降の沿岸整備が飛躍的に進んだ。高潮、浸水などを防止するための堤防、テトラポットなどは増えた一方で、景観は失われ親水の場所ではなくなっている。今日では、これらの施設にどれほどの効果があるのかという点も検討されなければならない。防波堤の内側が深くえぐったようになっているのを見ると、特にそう思う。

C　漁業

山育ちの私は海一面が漁場だろうと考えていた。しかし、そうではないらしい。漁業の対象となる魚が産卵やエサを求めて回遊し、休息したりエサを採ったりする場所は限られているという。このように魚が集合している場所を漁場と呼んでいる。漁場には多くの漁業者が集まってくるので、資源をめぐる争いが起こる。江戸時代までは沿岸域の人工的な改変も少なく、漁業技術も低いので資源は豊かであったと思われるが、実は資源をめぐる熾烈な争いは起こっていた。特に隣接する村同士では、隣の漁師が侵入して漁をすると彼らを捕まえ、船から落として棒で突く、それを村人が笑って見ている、というような光景もあったようだ。魚という資源は自由に動き回るので、問題を引き起こしやすかったわけだ。この歴史は尾を引いていて、今日でも隣同士の漁協は仲が悪いと何かで読んだことがある。

このような争いを調停するために、今日の漁業権のもとになる「村中入会《むらじゅういりあい》の漁場（村所有の漁場）」「数か村の入会《いりあい》の漁場（いくつかの村で共同利用する漁場）」などの制度があった。入会と聞けば山林の入会地を思い出すが、同様のものが海でもあったのだ。

明治になると漁網やエンジンなど漁業技術が発展し、沿岸ではイワシが捕れなくなってしまった。漁船と地引き網との対立も激化し、漁民同士、漁村同士で船に小石やこん棒を積み込んで争ったという。漁業では養殖漁業を例外として林業や農業のように種や苗を植え、育てるということをしない。漁場の整備のために岩礁の岩を除けたり、土砂を海底に撒いたりということもおこなわれてはいるようだが、基本的には雑草取りも下草刈りもしない。ということは狩猟採集経済なのである。このような条件であるにもかかわらず市場経済のもとで漁獲競争をおこなえば、自然の再生産能力を超えて資源は減少に向かうことは明らかだ。これを防止するため、漁業権が資源の管理と漁場での争いを調整する手段として発展してきた。漁業権は漁協に優先的に与えられるが漁協の「所有物」ではなく、5年、10年という期限で貸し出されるものだ。

戦後になると沿岸から遠洋へ出漁するようになる。世界の海で日本漁船が活動する時代が始まるが、それほど長続きはしない。国連海洋法条約をはじめ国際的な規制が始まると漁獲量は減少し、公害や埋め立てなど沿岸環境の改変で沿岸も資源の減少を招いている。埋め立て工事の際、漁業権と引き替えに多額の漁業補償金をもらっていると言われることがあるが、漁業補償は漁業権を売っているのではなく、あくまでも失われる漁獲量の補償なのだ。漁業権は所有物ではないのだから売ることはできない。

ここ高津川の鼻先にある日本海ではどんな漁業がおこなわれてきたのだろう。『益田市誌上・下』（益田市誌編纂委員会）で簡単に見てみよう。

高津川河口、益田市沿岸での漁業は古くからおこなわれているが、入り江がなく天然の良港もない。『益田市誌上・下』によると、明治以来、漁獲で最も多いのはイワシだ。続いてアジ、サバ、ブリ、イカ、タイ、トビウオ、イサキなどとなっている。貝類ではサザエ、アワビが多く、ハマグリ漁は戦後いったん姿を消したが、再び復活し資源保護のもとで漁が続いている。

里編でも取り上げたが、高津川の内水面漁業にも触れておこう。高津川は明治の時代からアユの好漁場であった。大正初期から昭和にかけて違法漁業者による乱獲、漁民の利害争い、地域ボスの存在、仲買商人の横行などにより漁業秩序が乱れていたという。そこで、高津川漁業組合が結成され、団結が強化されたらしい。ところが、漁業従事者は減り続け、昭和48年（1973年）に専従者は7戸になった。現在ではアユ漁だけで生計を立てる人は皆無といってよい。かつては年収300万円あり、これだけで生活する人がいたと聞いた。こんなことがあった。環境の授業をやっているときにこの話をしたら、ある生徒が「魚捕りが好きなので川漁師になりたい」と言う。収入があれば興味を示す生徒はいるんだな、と思った。

高津川河口とその沿岸では瀬戸内海のようなコンビナート進出もなく、砂浜や干潟の埋め立てもなかった。裏を返せば、高度成長に取り残されたとも言えるが、おかげで沿岸域の環境は比較的良好な状態が維持されたと言えるだろう。しかし、別の問題が生じていた。昭和50年頃より三里が浜と呼ばれて親しまれてきた砂浜海岸が侵食され、このままだと陸地部分が崩壊してしまう事態となっている。主因としては上流の砂防ダム、堰堤などが流砂を妨げ、砂浜に砂が供給されないことがある。また、森林が生長し土砂の流出が抑えられていることも関係しているだろう。森里海の連続性を実感する一件である。離岸堤などの対策がとられているが、そのためにかえって堤の内側がえぐられておりあまり効果はなさそうだ。

最近では漂着ゴミの問題もある。一番多いのは漁具である。上流域から、あるいは海流に乗って流れてきた発泡スチロールやプラスチックの類、ハングル文字のあるプラスチックの容器も多い。

漁業は陸地から離れたところでおこなわれるので、漁業が生態系にどんな影響を与えているかわからない。底引き網などはきっと海底に大きなダメージを与えているに違いない。誰か日本海の底を見た人はいないだろうか。

(5) 沿岸域の保護

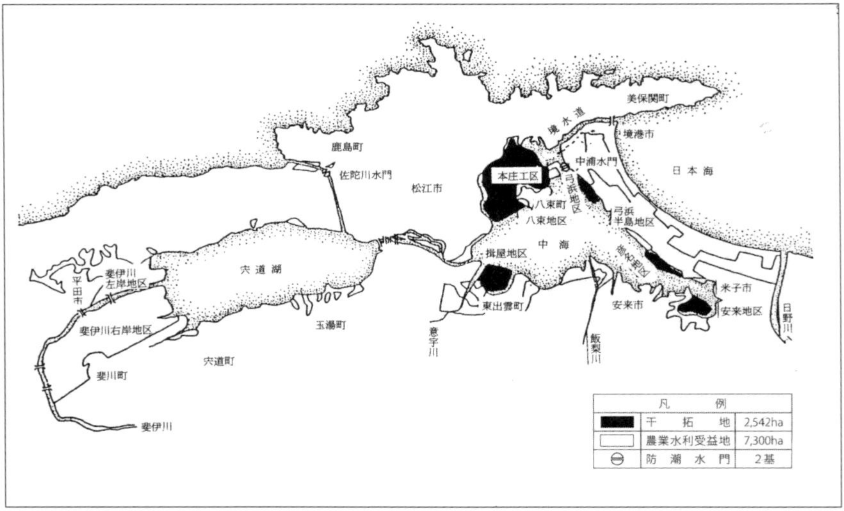

図 5-2　中海干拓事業平面図（『宍道湖・中海の干拓淡水化事業を振り返って』〈ハーベスト出版〉より）黒い部分のうち本庄工区は未完。

沿岸保護の歴史として宍道湖・中海淡水化事業を取り上げてみよう。宍道湖・中海は斐伊《ひい》川の下流に位置し、日本海の水が混じる汽水湖である。1963

年から国営の「中海土地改良事業」としてスタートした。中海に干拓地（本庄《ほんじょう》工区、揖屋《いや》工区、安来工区、彦名工区、弓ヶ浜工区）を造成し、宍道湖・中海を淡水化した上で両湖の水を農業用水として供給するというものだった（図5-2）。岡山県の児島湖、秋田県の八郎潟、石川県の河北潟、長崎県の諫早湾などとともに大規模干拓事業の一つに挙がっていた。

実際の事業は1968年から始まったが、2年後の1970年には減反政策が始まり、米目的という干拓事業の意義が失われる。しかし、干拓目的を野菜、酪農、花卉、養蚕に変えて事業は続けられた。本来は推進側であるはずの農協サイドからも疑問が出ていた。

1980年代に入ると、宍道湖漁協をはじめ住民団体の反対運動が盛り上がり始める。住民団体連絡会が結成され、淡水化に反対する団体は最大で25団体になった。淡水化に伴って水質が悪化するのではないかという科学論争も盛んになった。農水省は専門家に依頼した調査報告（宍道湖・中海淡水湖化に伴う水管理及び生態変化に関する研究委員会〈南委員会〉・中間報告）で水質は現状維持が可能と判断していたが、島根・鳥取両県が委嘱した「助言者会議」は水質予測が甘い、と判断した。後に出版された『宍道湖・中海の干拓淡水化事業を振り返って－淡水化が中止になったいきさつ－』（ハーベスト出版）を読んだところでは、農水省の委員会は「はじめに結論ありき」であったようだ。住民団体は「島根県景観保全条例」の直接請求をおこなったり、米子市では淡水化問題の当否を住民投票にかける住民投票条例が可決されたり、と活発な反対運動がおこなわれた。

地元経済界は、当初から宍道湖の水質汚染は観光資源を破壊するものだと反対する意見を出していた。自民党の中でも佐藤隆農林大臣や鯨岡兵輔元環境庁長官が反対住民の意見に理解を示したり、と淡水化中止は時間の問題となっていた。1988年、宍道湖・中海淡水化事業は延期が決定され、事実上の中止となった。

公共事業批判も盛んとなった。公共事業の中には無駄と思われるものもあるが、一度始まると止まらない。それは政官財の鉄の三角形によって進められるからだ、と言われてきた。また、事業を進めている国や県が「もうやめてもいいのに」、と思っていたとしても土地改良法には途中で中止の意思を実現する条項がないので、ずるずると続いてゆかざるをえないのだ、とも言われた。現在では土地改良法は改正されたようで、事業対象地域の土地所有者のうち3分の2以上が同意すれば事業の中止ができることになっている。

住民運動は淡水化中止に大きな力を発揮し、各地の環境保護運動にも影響を与えた島根が誇れる住民運動であったと思う。私は1987年に30才近くになって島根の教員になり、淡水化問題がどうなるのか見ようと何度も集会や説明会に出かけていた。教育にも取り入れないといけないと思い、『島根の環境問題』という小さなパンフも作成した。当時、淡水化はほぼ延期確実という雰囲気を感じ、喜んでいたのだが、どうも集会参加者が同じ顔ぶれであることと年配者ばかりで若年層がいないことが気になった。確かに淡水化反対署名は宍道湖・中海沿岸12市町の全人口44万人のうち23万人に上ったというのだから相当な盛り上がりといってよいが、その中身が気になったのだ。

また、当時手に入る資料も経済、財政と自然科学などに限られていたと思う。23万人もの人々がどうして淡水化に反対したのか。宍道湖・中海に対する人々の心情はどのように育まれたのか。このような環境心理や社会心理などを分析する資料は殆どなかったと思う。教育の現場にいる者として、内面の形成過程はぜひ知りたいところである。そこで、他にも理由があったのだが人々の内面的な自然観の形成を調べたと思い、宍道湖一周聞き取りをして回ることにした。

計33人の高齢者に聞き取りをおこない、子どもの頃の遊びの体験、宍道湖との関わり、淡水化計画への賛否を聞いた。水泳、コイ・フナ・アユなど魚捕り、エビ・シジミ捕りなどよくある普通の体験で、意外にも宍道湖の話でよく出てくる「夕陽がきれいだ」など景観の話は少なかった。地域の人々にとっては夕陽がきれいなのは当たり前で、問題にならないもかもしれない。昭和30年代からは水質が悪くなり、ユスリカが大発生したという。学校からは「宍道湖で泳いではいけない」と指導があり、次第に宍道湖に近づかなくなったという。こうして人々の水への関心はむしろ薄れていたのだ。淡水化についてのスタンスも様々だ。淡水化すべきでないと強く言う人もいれば、反対に「淡水化して農業用水を確保したい」と言う人もいたし、「淡水化して昔の藻場を復活してほしい」と言う人もいた。シジミ漁で湖底はかき回されるから事業が始まってシジミ漁がなくなれば藻場が戻ってくるというのだ。単純に淡水化賛成、反対と二分することはできず、それぞれの人がそれぞれの体験の中で環境観を形成し、それに基づいて発言しているらしいことはわかった。

私は一人の市民として、淡水化は環境悪化を招くので反対、よって中止になったことは良かったと思う。しかし、一教員としてこの問題を教材化するとしたらどうしたものだろう。私は反対派だからそのような教材をつくればいいだろうか。社会状況、テーマによって変わるのかもしれないが、2つの理由からワンサイドの教材化は避けたほうがいいと考える。1つは、淡水化による水田の造成は米過剰という時代に合わなくなっていたが、干拓計画発案当時は食糧難だった。食糧難当時の発案自体が間違っていたと反対している人はいない。今後もしかすると食糧難の時代が来て再び農地造成の必要性が生じるかもしれない。2つめは学習・教育上の問題で、テーマをより深く理解させるには対立的に提示するほうがよいということだ。

よくやるのはＡも大事だがＢも大事と、はじめから当たり障りのない形で調和的に教えることだ。これでは内容が拡散してしまい、あとに何の印象も残らない。これは理屈を学んだからではなく、教員生活の中から体験的に確信したことである。よって作成したパンフ『島根の環境問題』では賛成派、反対派両者の言い分を並べ、さてどうしたものかと問う形にした。結局、本書もその形式を引き継いでいる。教育にできることはここらあたりまでではないかと思うのだ。むしろ、両論併記で教えることができることは積極的に評価してよいだろう。以前、松江市に住んでいた頃、原発に批判的な意見を紹介することは難しい空気があった。福島原発事故以降、それはなくなったように思う。

2節　海の植物

海藻や海草など、海の植物について研究テーマを探すのは一苦労だ。書籍などを見ると、海藻で海の過剰な栄養分を浄化したり、重金属を回収したり、魚やウニのエサとしての利用、漁場生態系の主役としての研究、磯焼けの研究などたくさんあるが、少ない準備でできるものは意外に少ない。森、里編と違って機器も高度であったり、潜水などが必要なものが多いのだ。それでも年間を通して、課題として取り組めるようなものはないか検討してみよう。

(1) 海藻類の飼育と無機類

ワカメやホンダワラなどを水槽飼育してみたい。ただ、これらは秋から春先にかけて成長するもので、年間飼育は無理のようだ。ワカメ養殖の方法によると、秋に配偶体から発芽して春先までの約半年間で成長したものを収穫するらしい。私自身の体験では数年間浜田市の海岸近くで生活したことがあり、冬の頃海岸の岩場にワカメが勢いよくモコモコと成長していく様子を観察したことがある。そのスピードは凄まじく、やがてワカメの「森」が出来た。タコがやってきて徘徊したり、「森」の中のアジをイカが捕獲する場面を見ることができたりして、素晴らしい生態系が出来たなと思っていたが、春になるとワカメの「森」はあっという間にすべて溶けてなくなった。

もしも秋口にワカメの幼体を入手できれば、水槽内で冬の間飼育し、窒素、リンをどれくらい吸収するのか実験ができるのではないか。海水中の窒素、リン濃度を計測するための簡易比色計のつくり方が『海を学ぼう－身近な実験と観察－』（東北大学出版会）に出ている。薬品を除き 2,000 円くらいで出来るということだ。計測は発光ダイオードによるデジタル測定なので目視と違って誤差が少ない。

海岸で採取した海藻を飼育できればベストだが、ネットで入手方法という手もある。ネットで調べると、沖縄の海ぶどう（クビレヅタ：野生個体は少なく、環境省レッドリストでは「情報不足」扱いとなっている）は飼育しやすいとある。その他、緑藻類など飼育して窒素、リンの吸収量を調べることができるかもしれない。浜田高校で自然科学部の顧問をしていたとき、生徒が海産魚の水槽とシステムをつくろうというので、手伝ったことがある。私は予算を取ってきただけであとは任せた。すると、癒しの空間が出来た（巻頭カラー P4 参照）。

残念ながら海藻は飼育しなかったので実際に飼育するとどうなるかわからない。こんな感じでいけばいいのだろうとは思う。難点として第 1 に費用がかかる。このときは3万～4万円だったと思うが、現在は便利なポンプ、ろ過装置、定温装置が販売されているのでそちらを使うほうが簡単だ。するとこの額では済まない。第2に海水を汲みに海まで行かないといけないこと。ガラス面には藻が生えて汚れるので掃除が必要となる。そのたびに海水を入れ替えることになる。人工海水は高価。第3に夏場を越すことができないこと。夏休みの教室の温度は35度を超えるので、熱帯魚といえども死滅する。
自分で海藻を採集し、調べてみたことがある。同定は全くあてにならないが、緑藻類のミル、褐藻類のウミウチワ、ノコギリモク、ホンダワラ、ウミトラノオ、ナラサモ、紅藻類のガラガラ、ピリヒバなどのようだった。これらを水槽で飼育してみたいところだ。

コンブは本来水温の低い東北、北海道で生育するが、長崎県、兵庫県、神奈川県、千葉県でも養殖されているという。ただし、2年かかる養殖は水温が上がるため1年で終了しなくてはならないらしい。これを「水こんぶ」と呼び、肉厚ではないが「早煮こんぶ」として流通しているそうだ。近年は沿岸の水質浄化の目的でコンブの養殖をおこなっているところもあるという。幼苗が手に入れば、海岸でコンブを用いた水質浄化の実験をしてみることはできないだろうか。

(2) 肥料としての海藻

海藻は耕作地の肥料としても利用されてきた。江戸時代に静岡県の伊豆では寒天の原料であるテングサを肥料として使っていたそうだ。島根県でも砂地の作物畑に使っていたという。私自身、浜に流れ着いた海藻を集める人を見たことがある。「畑に入れるんですか？ 塩分が多いのでは？」と聞いたところ、大丈夫だと言っていた。肥料としてどのように利用されたかわかれば、干鰯などと同じように海から陸への物質循環の一部を考えることができる。

(3) 海藻のつくる生態系

ワカメが生育するとそこに生態系が出来る。人工的に生態系をつくり出すのが藻場の再生である。海底に海藻礁を沈め、ワカメ、アカモクなど様々な海藻が生育することで、エビ・カニなど無脊椎動物や魚類の産卵場所、摂餌場所となり有望な漁場が創出できる。ある実験では集まる魚種は20種類にもなったという。国土交通省や漁協などの協力で小規模な「岩礁」を砂地の湾内に設置できれば、生態系の創出を観察することができるだろう。私自身が観察したのも、砂浜から海に張り出すように小規模に設置されたコンクリートブロックの先であった。しかし、防潮堤などの海岸構造物が砂浜の形を大きく変えてしまっているのを見ると、コンクリートの設置は難しいかもしれない。実際に実験できなくても生態系の問題は重要なので、資料だけでも調べる価値はある。

(4) 海藻標本づくり

日本に見られる海藻は約390種あるという。海藻についてマニアックな人が少なく教えてもらう機会がない。とりあえず標本づくりから始めるのがいいだろう。海藻を押し葉にして標本をつくる方法は特別難しくはなさそうだが、乾燥で時間がかかりそうだ。「海藻おしばアート」もあるそうだから、やってみると案外おもしろいかもしれない。

(5) その他

近年、世界的に藻場が減少しているらしい。それに伴って漁獲量も減少しているという。これは「磯焼け」と呼ばれる。高水温、ウニの大量発生、海藻を食べる魚類など考えられるらしい。また、養殖した海藻の色が薄くなる「色落ち」現象もあるという。いずれも漁業資源に関わる問題であるが、全般に海の環境が変化している実態を調べてみる必要がある。

魚が好む海藻は何か、という実験もある。長崎県総合水産試験場のレポート（『漁連だより』2003.2　No.94）によるとアイゴはアラメ類をよく食べ、ノコギリモクが嫌いなのだという。水槽でエサとして採ってきた海藻を与えることで生態系の一端を垣間見ることができる。

海藻で重金属を回収し、水をきれいにするという実験もあった。これは、海藻に含まれるアルギン酸が銅イオンと結合することを利用したものだという。趣旨はいいが実験装置が高度なものを用いるので、学校単独では無理だ。アルギン酸は、フコダイン、ラミナランとともに海藻のガゴメに含まれるヌメヌメの原因物質だ。アイスクリーム、美容商品、健康食品などに使われる。人工イクラなど小学生が楽しめる簡単な実験もあるが、もっと違う実験はないか。

海藻は農畜産物が不足したときの食糧になるかもしれないという。その可能性を検討してみるとよい。

「キャベツでムラサキウニを育てる」というのもおもしろい。神奈川県水産技術センター、県立海洋科学高校、京急油壺マリンパークの３者は、ムラサキウニにキャベツ、ダイコン、ブロッコリーなどの野菜をエサとして与え養殖を試みたところ成功したという。実験動機は磯焼けであった。磯焼け状態の海ではウニの実入りが悪く、漁業資源にならない。一方、陸では野菜くずが出てくる。これを組み合わせて一挙に解決するというもの。里と海のつながりを考えると興味深い。その他にもこのような森里海のつながりを生かすような試みは考えられないか。

3節　海の動物

海は広く大きく生物は多様で、一見何でもできそうに思えるのだが、意外にできることが少ない。思いつかないだけかもしれないが、先の『海を学ぼう』に「小学校から高等学校までの教科書にはこれまで殆ど海のことが書かれていません」とあるように、教材として取り上げる機会が少なかったこともあるだろう。材料の入手や観察実験に困難を伴うことが多いことも関係している。ここでは１回限りの観察ではなく年間を通じておこなえるようなテーマを探しているので、余計に難しい。イルカやウナギ問題など社会問題なら色々とあるのだ。

(1) 海岸の生態、生物地図

まず、砂浜や岩場などの海岸について無脊椎動物から脊椎動物に至るまで何でも取り上げ、どこにどんなものが棲んでいるか調べ、生物地図などつくってみる。日変動、季節変動なども同時に明らかにする。海藻など植物も合わせて調べる。素朴な観察だが、森里海の河口付近の様子を知ることになる。

(2) 砂浜でのネット引きによる生物調査

かなり大きな道具と漁協に特別採取の許可を取る必要がある。2017年4月に津和野高校廣田先生が主催している森里海連環学活動に参加させてもらったので、この内容を紹介する。

森里海連環学を提唱された京都大学名誉教授の田中克氏を講師に招いて益田市小浜海岸でヒラメなどの稚魚を採集し、採集生物類の分類とヒラメにみる森海のつながりについてお話を伺った。参加したのは津和野高校有志生徒、近隣の吉賀高校、益田高校の有志生徒であった（写真5-2）。

写真 5-2　小浜海岸、田中先生と生徒

写真 5-3　重い大きな網

まず、稚魚の採集は特製の大きな網（写真5-3）を水深が腰の高さ当たりの所に沈め、数人がかりで引っ張るのだが、引く方向はなぎさ線と平行になるようにする。砂地にいる稚魚その他の生物が網に捕らえられる。この作業を数回繰り返す。採集した稚魚は学校に持ち帰り、実体顕微鏡などを使用して細かく分類する（巻頭カラー P4 参照）。

捕れたのは、ヒラメ262匹、ウシノシタ7匹、イシガレイ1匹、ハゼ53匹、スズキ14匹、その他アミ類多数と大漁だった。田中先生から、「日本のあちこちで採集したが、ヒラメがこんなに捕れたのは初めてだ！」と日本海を褒めていただいた。普段気にもしない地元の海の豊かさを実感した。島根県ではヒラメの放流をおこなっているが（だから特別採集の許可が要る）、放流するヒラメ個体の大きさは今回採集した個体より大きくなってから海に放しているそうだ。ということは、採集したのはすべて海で生まれ育った個体だったということになる。今回はいなかったが、クロダイや遡上前のアユなども捕れるそうだ。

ヒラメに見る森と海のつながりは次のようになっている。孵化し１～２ヶ月すると変態して平たいヒラメの格好になり、波打ち際で夏過ぎまで過ごす。波打ち際には川から水が流れ込むが、地下水なども湧き出す。地下水量は川：地下水＝10：１だそうだ。この中には森から流れてきた窒素、リン、鉄など栄養塩類が含まれ植物プランクトンを増殖させる。植物プランクトンはカイアシ類、アミ類などの動物プランクトンのエサとなる。採集された生物の中には稚魚の他にアミ類が大量にいた。因みに、地下水は量としては少ないが、含まれる栄養塩類の量では川１に対して３～５になるそうで、近年地下水が漁業資源に果たす役割の重要性が指摘されているとのこと。かつて富山湾に行ったとき海のすぐ近くの川に渓流魚がいて驚いたことがあるが、冷たい湧き水のあるところだった。富山湾の豊かさも地下水が関係しているのかもしれない。浅瀬の小さなヒラメはヒラツメガニ、キンセンガニ、魚などに捕食される。植物プランクトンから捕食者までの生態系を考えてみることができた。

稚魚はエタノール保存してDNA分析や内耳にある耳石を解析することで年齢を調べたりする。

この観察は学校独自でできないことはないが、網が特別仕様なのでこれをつくるか買わないといけない。漁協の許可も必要である。これがクリアできれば、何回も採集をおこなって経年的な変化を調べることもできるだろう。魚を捕るような実験観察は狩猟本能を刺激し生徒が喜ぶ。その意味でネット引きができればぜひやってみたいところだ。

(3) ヤドカリの実験

自然科学部の活動で、ヤドカリは住宅不足かどうかを調べたことがある(**巻頭カラー P4 参照**)。生徒の活動はヤドカリの大きさを計測し、本来好む宿の大きさと岩場で実際に入っている宿の大きさを比較するというものだった。生徒が京都大・今福道夫教授のヤドカリの引っ越しに関する総説を読んだのがきっかけだった。

(4) 貝類による水質浄化

二枚貝が水質浄化に貢献していることを調べる実験がある。高校の生物実験書にも載っている。水槽あるいはビンを２つ準備して米のとぎ汁やきな粉を混ぜた海水を入れ１時間ほど放置して、貝を入れたほうと入れないほうの水質の透明度を比較するというもの。スーパーで見かける二枚貝で使えそうなのは海水ではアサリ、ハマグリ、アカガイなど、汽水ではヤマトシジミだろうか。淡水のマシジミでもできるだろう。これは実際におこなっていないので何とも言えないが、資料を見るとスーパーの貝は弱っているので使えないとのこと。弱ったものを水槽に入れ、死んでしまったらかえって水質が悪化するので注意が必要だ。自然のものを採集するしかない。はっきりと濁りのある液体を使えば視覚的にわかりやすいが、池や排水などを使い窒素、リンの量が減るかどうか調べるというのはどうだろうか。

(5) イルカ論争

A 『ザ・コーヴ』

海の沿岸部にある自然保護問題としてイルカ論争について考えてみよう。賛成と反対の結論が容易に出せず、広がりがあり、論点も多く課題・テーマとしては適している。

イルカの追い込み漁をおこなっている和歌山県太地《たいじ》町は映画『ザ・コーヴ』で残酷なイルカ漁をする町として世界的に有名になった（**写真 5-4**）。アカデミー賞長編ドキュメンタリー賞を受賞し、ケネディ駐日大使もイルカ漁を批判したりしたことなどから、アメリカ人をはじめ欧米人はイルカ漁に対し相当嫌悪感を抱いているらしいことがわかった。映画はドキュメンタリーではあるが、スパイ映画仕立てになっていて娯楽映画でもあった。撮影を邪魔する地元の漁民や警察の監視をかいくぐってついにイルカの捕殺現場を撮影し、海が

写真 5-4　右の奥が映画の題名となった太地町の入り江（コーヴ）

真っ赤に染まる場面をカメラはとらえる。しかし、日本人に対する差別的な扱いを感じ、娯楽どころか重い気分になった。思い過ごしだろうか。

アイスランドではシロナガスクジラが、デンマーク領フェロー諸島（イギリスとアイスランドの中間にある）ではゴンドウクジラ（イルカの仲間）が捕殺され、海が真っ赤になるのである。彼らは日本と違って捕殺場面を隠すこともせず、堂々とやっている。『ザ・コーヴ』のアイスランド版、フェロー諸島版がないのはなぜだろう。

以前見たNHKの太地町の特集番組で、イルカ漁をする漁民が海外のイルカ保護グループに口汚くののしられている場面があった。漁民は言い返すこともせずじっと耐えていた。一部の活動家だろうが、彼らは傲慢で、日本人は押せばおとなしく引っ込み、逆らうこともできない、と考えているようだ。高価な機器も壊されないと知っているからスパイもどきの撮影ができるのである。BS放送の『クールジャパン』を見て、外国人は日本人をすごいと思っている、などと思ったらそれは一面的だ。

精神分析学者の岸田秀氏によると日本人は精神分裂状態で、両極端を行ったり来たりすると言っている。明治には外国に対し卑屈なまでに受け身でやさしかったが、いったん我慢の限界を超えると、気が狂ったように攻撃的で残忍になり戦争をしかけた。戦後は、また反転して礼儀正しく、受け身でやさしくなった、というわけだ。再び攻撃的になってもいけないが、このままじっとおとなしく無視し続ける、で良いということでもない。問題点を一つひとつ検討して、言うべきは言う、受け入れるべきは受け入れる、という当たり前のことをしないといけない。みんなで検討してみよう。

B　和歌山県太地《たいじ》町は日本代表

太地町のイルカ追い込み漁だけが世界の批判の対象となり注目を浴びるわけだが、日本でイルカ漁をやっているところは太地町だけではない。イルカをクジラのように食肉として売っているだけでもない。イルカとクジラはどう違うのか、という問題もある。

そもそも日本では縄文時代から各地でクジラ漁はおこなわれていた。といっても技術の低い時代には流れ着いた弱ったクジラを捕って食べるというものだった。江戸時代になると、小舟の船団を組んで沖に出て、クジラを銛《もり》で突く「突き採り式（突き棒）捕鯨」が始まる。これが古式捕鯨と言われるもので、伊勢湾や和歌山太地あたりから始まり岩手、静岡、土佐、千葉、山口などに広がった。クジラが主でイルカはたまに捕るくらいであったらしい。

ここでクジラとイルカの区別をしておこう。クジラは大きな体をしているがイルカは小さく、鼻が突き出ているとするのが我々の印象だ。分類学ではクジラとイルカはどちらも鯨類に属し、4m以上の大型鯨類をクジラ（シロナガスクジラは25m、ミンククジラは8mなど）、4m以下の小型鯨類をイルカ（マイルカ3m、スジイルカ3mなど）と言っている。しかし、この境界線は紛らわしい。バンドウイルカは4mでちょうど境界線付近だ。一般に鼻が突き出ているのがイルカ。でもハナゴンドウイルカ（3m～4m）は突き出ていない。クジラは食べるがイルカは食べないと言う人がいたら、境界付近の鯨類の肉を出されたとき困ることになる。太地町で捕っている小型鯨類には典型的な鼻のイルカもいればハナゴンドウのようなクジラ的な頭のイルカもいるのだ。

「追い込み漁」は、技術進歩で網による捕獲が可能となった江戸時代に始まる。小舟の船団でクジラを湾内に追い込み、網で出口をふさいだ後、銛で突くという方法である。岩手県、静岡県、石川県、沖縄県など全国でおこなわれていた。イルカの追い込み漁はどうも明治時代からのようだ。本場は静岡県の川奈《かわな》、富戸《ふと》、田子《たご》などであった。イルカはクジラと違い動きが速い。静岡県では水中で音を鳴らしてイルカを追い込むという方法が開発されていたが、イルカの捕りすぎにより資源が減少し、2004年を最後に追い込み漁はおこなわれていない。太地町ではこの静岡の方法を学んでイルカの追い込み漁が始められた。

ここで一つ注意すべきことがある。太地町は確かに古式捕鯨の発祥の地で昔からクジラを捕っていたが、イルカを多数追い込んで捕獲する技術は持っていなかった。つまりイルカの追い込み漁は伝統ではないということだ。もう一つ注意すべきことは太地町の追い込み漁がイルカの食肉を目的にして始めたのではなく、イルカによる観光を目的として始めたということだ。

1960年代の終わり頃、町おこしに一計を案じた町長は「くじらの博物館」をつくり、クジラ観光で町の発展を考えた。アメリカの水族館などを見学しイルカショーなどをやればいいと考えたのである。そのためにはイルカを捕まえなければならない。静岡県に学んで音でイルカを湾内に追い込み、観光に使えるイルカを生きた状態で捕獲した後、残りは殺処分して食肉として利用しようと考えた。後になって生きたイルカは世界各地の水族館に売るという生体ビジネスも始まり、食肉だけよりも収益は大きくなった。

このような経過を経て、イルカに関しては国が目視による資源調査をおこなって捕獲枠を設定し、この範囲内で県知事の許可漁業として漁協に許可している。漁業には、自由に捕ってよい「自由漁業」と沿岸対象の「漁業権漁業」、沖合・遠洋対象の「許可漁業」の3種類がある。以前のイルカ漁は全く制限なしだったので、静岡県のように資源の枯渇が起こったわけだ。平成30年度（2018年）、国が示したイルカの捕獲枠は**図5-3**のようになっている。全体で14,705頭となるが、イルカを見つけることができなければ捕れないわけで、捕獲量は毎年枠まで達していない。実際の捕獲量は岩手県で突き棒1,500頭くらい、和歌山県で追い込み2,000頭くらい捕っている他は10頭～20頭といったところである。しばらく実績のない青森県や千葉県は枠も0となっている。ただ、千葉県では捕鯨砲で撃つ漁業方法（これは国の許可漁業）で20頭くらい捕っているようだ。

	突き棒漁業	追い込み漁業
北海道	1,056	
青森県	0	
岩手県	10,503	
宮城県	395	
千葉県	0	
静岡県	80	
和歌山県	492	2,047
沖縄県	132	
計	14,705	

図5-3　国が示した2018年（平成30年）度のイルカの捕獲枠（水産庁ホームページより）

さて、海外の環境団体はなぜ和歌山県のイルカ漁だけを目の敵にするのだろうか。岩手県の1,500頭をなぜ批判しないのか。ある活動家の言葉によれば、単純なことで、「岩手県の陸中海岸沖でおこなわれるイルカ漁には遠くて手が出ないし見えない。それよりも人の目につきやすい海岸近くでおこなわれ、血の海がよく見える和歌山太地町のほうが取り組みやすい」ということだ。和歌山県でやめれば他でもやめるだろうという狙いもある。太地町とすれば、なんでうちだけが責められるのか、という気持ちだろう。

大型鯨類のクジラについては戦後南氷洋を中心に乱獲が続いた。国際捕鯨委員会では商業捕鯨モラトリアムを採択し、日本では1987年から実施された。当分捕らないで様子を見て再開の話をすることになっていたが、そのまま30年禁止が続いている。日本は調査捕鯨という名目で主にミンククジラを捕獲しているが、オーストラリアからこれは調査を隠れ蓑にした商業捕鯨であるとして国際司法裁判所に訴えられた。判定は科学調査に数百頭も必要ない、殺さない生検などの方法をもっと追求すべき、などの理由で日本の負けとなり、いったん調査捕鯨を引っ込めた。ところがすぐに形を変更して再開している。こんなことも各国から批判され、環境団体シー・シェパードなどからの激しい抗議活動を受ける原因となっている。イルカ問題で激しく批判されるのは、クジラの問題も重なり合ってのことだろう。

C　課題・テーマとなりうる論点

イルカ問題は容易に結論の出せない深みのある問題である。いくつも論点があるが、主なものを取り上げてみよう。

①ウシやブタならいいのか

イルカ保護派は、イルカは野生の生き物だが、ウシやブタは人が産ませ育てたものだから殺しても食べてもよいという。人が産ませなければ、そもそも存在していないからということだ。同じ保護派でも、哲学者ピーター・シンガーの考えではウシもブタもダメとなる。これは功利主義に基づく考えで、本来苦痛は人にとっても動物にとっても悪と考えるからだ。苦痛は神経で感じるので神経系を持つ動物は殺してはいけないということになり、それだとクラゲのような腔腸動物以上はダメということになる。殺していいのはゾウリムシや大腸菌、植物ということになる。

私自身おもしろい体験をした。2015年2月、用事があって南紀を車で走っていた。太地《たいじ》町のイルカ問題に興味があったので町に寄ってみた。ちょうどイルカ漁がおこなわれており、環境団体のドルフィン・プロジェクトとシー・シェパードが双眼鏡で監視していた。シー・シェパードは2人いたが、黒にドクロのマークなのですぐわかる。不得手な英語で話しかけてみた。

若い2人はオーストラリアから来たと言う。

「どうしてイルカ漁に反対なのか」

「イルカは賢いし、フレンドリーな生き物だ。他の動物を殺すのもいけない」

「あなたは動物と言うが、仏教では微生物も生き物だ。ヨーグルトは微生物がつくったものだから、ヨーグルトを食べれば微生物を殺すことになる」

「僕はヨーグルトを食べない」

「えーっ。ではタンパク質をどうやって摂るの？」

「牛乳だ。生き物ではないし、赤ん坊も飲んでいる自然なものだ」

なるほど！この理屈ならニワトリの未受精卵も生まれないからOKだろう。もっとも、シンガーの教えに従うならヨーグルトはいいはずだが……。

私はこう言った。

「学校でもイルカ問題は取り上げたい。でも賛成派と反対派の両方を並べるという形でね」

「それでいいと思う」

教育者の私から見ると、2人とも好青年に見えた。あるホームページや書籍ではシー・シェパードを環境テロリストと書いてあるが、そもそもテロリストが両論併記に賛成するだろうか。環境テロリストと呼ぶことは極端な方向に振れているのではないか。

自然に考えれば、イルカがダメならウシもブタもニワトリもダメだろう。時代が進んで植物からつくったビヨンドミートのような人工肉が一般的になれば、家畜もイルカと同様、問題にされることになるだろう。

②殺し方が残酷

かつては海岸でイルカに銛《もり》を打ち込み、海が真っ赤になった。のたうち回るイルカを見て、漁師はなんと残忍なのか、となった。現在では人の目に触れるところで殺処分せず、隠れたところでおこなっている。また、噴気孔の後ろを素早く切断し、短時間で絶命する方式に変わっている。これは苦しみが長引かないようにする方法だという。

たとえどんな方法をとろうとも「残酷でない」、などという殺し方はないだろう。食肉処理場で殺されるウシも眉間に打ち込まれて死んだ後、血抜きされるので血がどっと出てくる。野生のイノシシがわなにかかったとき、止《と》め刺《さ》しといってヤリで心臓めがけて突き刺す殺し方もある。どれも残酷である。残酷がいやなら肉食をやめることだ。でもそんなことはできるのか。

③イルカ漁は伝統漁法だ、文化だ

古式鯨法と近代的なエンジンや網、音による追い込みなどを使用した漁法をつながりのあるものと考えればイルカ漁は伝統漁法だ。しかし、後者は近代漁法で1970年代から始まったものと考えれば伝統漁法ではない。また、伝統漁法ならいいのか、文化ならいいのかという問題もある。資源が減少すれば、たとえ文化だろうとやめなければならない。動物の福祉に関する考え方も進歩している。昆虫実験も目をつぶすなど残酷と思われるような方法でおこなった研究論文は受け付けてもらえない。日本の調査捕鯨から生まれた研究論文はどうだろうか。日本鯨類研究所のホームページにある調査研究のサイトには研究論文のリストが載っているが、時には掲載拒否されることもあるらしい。イルカ保護派はスペインで伝統の闘牛をやめたこと、イギリスでキツネ狩りをやめたことを例に挙げている。

④イルカは知能が高い

イルカ漁に強く反対する人は、イルカの知能が高く自意識があることを反対理由に挙げる。イルカでは霊長類のボノボやチンパンジーのように人との間で会話ができたという話を聞かないので、あくまで人が判断してのことだ。将来は交信が可能となるかもしれないが、現在のところイルカの気持ちはわからない。しかし、ダーウィンは『人類の起源』(『世界の名著39』中央公論社)の中で、こう述べている。「人間と高等な動物、とりわけ霊長類……彼らはすべて同じ感覚、直感、情動を、また同じような欲情、愛情、情緒を、さらにもっと複雑な、嫉妬、懐疑、競争心、感謝、度量などといったものさえもっているのである」。想像、連想、理性などまでも人と同じように持っているという。複雑さの程度は違うのかもしれないが、同じようなルートで進化してきたのだから人だけが違うしくみを持っていると考える理由がないというのだ。こうなると、イルカだけにとどまらず、ウシ、ブタ、ヤギ、みんな含んだ話となってくるのではないか。水族館のシャチ、アシカ、ペンギン、動物園のゾウやトラなど動物たちのことも考えないといけなくなる。水族館、動物園は必要なのかという問いにもなる。

⑤イルカは水銀で汚染されている

イルカは食物連鎖の上位にいる動物なので水銀などの汚染物質が濃縮する可能性がある。反対派は理由の１つにイルカが水銀で汚染され、それを人が食することで人にも影響が出ると言っている。『おクジラさま』（集英社）にイルカと水銀の話が載っている。国立水俣病総合研究センターの調査では、太地町の男女の毛髪から検出された平均水銀量は男 11.0ppm、女 6.3ppm だったという。日本人の平均が男 2.5ppm、女 1.6ppm だというのだから、太地町の値はかなり高い。しかし、漁師に健康上の問題は全く見られなかったとしている。ここで言う健康とは感覚障害などの急性障害や慢性障害のことだろう。農薬のところで触れたように、殺虫剤、PCB、水銀を含む重金属は自閉症、ADHD などの発達神経毒性を持っていることが知られているので、急性毒性や慢性毒性が認められないからといって安心とは言えない。イルカ・クジラのような海棲哺乳類を食べることで、森里から流れ出した有害物質が海から陸に循環していることになる。森里海の循環の中で考えてみよう。

⑥イルカは増えているか、減っているか。ではクジラは？

かつてイルカは自由漁業であったので捕り放題であった。今では各県ごとに漁獲枠を設定しているが、枠一杯まで捕られていない。これはイルカが減っているからなのか、漁業者のとる意欲がないからなのか。イルカの個体数調査は国の専門機関の慣れた人が目視でイルカを確認する。これに基づいて漁獲枠の上限が決められるが、目視による調査はどれくらい正確なのか。

クジラに関する話として、日本は科学的な実態把握のために調査捕鯨が必要なのだと言っている。NEWREP-A（ニューレップ-エー）、NEWREP-NP（ニューレップ-エヌピー）と名付けられた調査捕鯨では、年齢や繁殖状態などが調査されている。2000 年頃の調査からわかることは、シロナガスクジラ、ナガスクジラ、ザトウクジラが毎年 8%～ 10%の割合で増加しているらしいということだ。この数値は大きいか、小さいか。シロナガスクジラについて見てみよう。2000 年頃は 2,000 頭くらいおり、年率 8.2%で増加している。もともとは 20 万頭～ 30 万頭いた。年率増加率は変わらないとして 2000 年から捕鯨モラトリアムが実施された 1987 年まで遡って計算してみると、700 頭くらいだったことになる。哺乳類では最小存続個体数（絶滅しないための個体数）は 1,000 頭ではなかったか。逆に 20 万頭から 30 万頭まで回復するには、あと 60 年から 65 年かかることになる。2060 年頃ということだ。

4節　海と物質循環

森里海のつながりを考えるとき、森里から海への物質の流れ、海から森里への物質の流れは大きなテーマとなる。森から無機塩素類の流出、水田などの耕作地帯から肥料や農薬の流出、サケによる海からの森への栄養分の回帰、人による海産物の摂取や海藻肥料という形での物質循環など物質循環をとらえることで森里海のつながりがよくわかるようになる。ところが、残念なことに高度な分析技術が必要になり、中学や高校段階では実験観察が難しい。

(1) 流れてくる有機物はどこから来たか

例えば、河川で流れ下る有機物の起源が川底にある石の付着藻類なのか、水中の植物プランクトンなのか、人間活動から出る排水なのか調べることができる。『森と海をむすぶ川』（京都大学学術出版会）によると、京都・由良川上流、中流、下流で有機物中の安定同位体 ^{12}C、^{13}C、^{14}N、^{15}N を質量分析計により測定し、炭素同位体比 ^{13}C ／ ^{12}C、窒素同位体比 ^{15}N ／ ^{14}N を求めると、そこにある水中の有機物の起源がわかるという。上流では付着藻類、中流では植物プランクトン、下流では人間活動から出る排水が、それぞれ有機物の主な原因だったという。

また、河口付近に生息する二枚貝のヤマトシジミ、巻き貝のカワニナ、イシマキガイなどで同様に炭素、窒素の同位体比を求めると、カワニナ、イシマキガイは海からエサを捕り、ヤマトシジミは上流から流れてくるエサを捕っていることがわかったという。この方法はヒトデ、ハゼなど多くの生物に適用することができ、森や里が海の生物にどんな役割を果たしているか知ることができるのだが、これまでの調査でわかった限り、河口の海で生きている生物は陸起源の有機物や生物を利用していないのだそうだ。森里海のつながりが見られないということになる。では、自分のところではどうなんだろうかと知りたくなる。他のところでは違った結果となるかもしれないから。

(2) 地下水が重要

地下水に含まれる栄養塩類の量では川１に対して地下水３〜５になるということで、漁業資源に果たす役割の重要性が指摘されている。富山湾の沖合はすぐに深くなっており、地下水が湧き出しているに違いないと述べた。この地下水の問題も課題やテーマとして実験することは難しく、文献によるしかない。

(3) 護岸工事

防災のために護岸工事がおこなわれたり、消波堤の工事がおこなわれたり、砂浜から砂が失われるのを防ぐために堤防を造ったりしている。しかし、砂浜はひどく減少し、変形している。この過程をミニモデルをつくって実験してみるのはどうだろうか。案外気づかない波の働きとか、その場所の地形がどうしてそうなっているか、など新しい発見があるかもしれない。

(4) ビーチコーミング

これはテーマとしておもしろい。ビーチコーミングはもともと美術品採集のようなものだったらしいが、プラスチック類をはじめとするゴミ類が増え、今ではゴミ拾いを指す言葉という印象が強くなった。流出源としては上流域、漁業、海外と様々だ（**写真 5-5**、**写真 5-6**）。

上流の河川でのゴミ調査を授業でおこなったことがある。タイヤ、肥料袋、自転車などあったが、種類は少なかった。一方、河口域でおこなうゴミ拾いに参加すると、実に様々なものを目にする。ライター、キャップ、ビン、カン、ペットボトル、ビニールひも、発泡スチロール、釣り具、漁具などだ。これをまず分類して量を計り、統計を取ることを考えたい。季節変化、経年変化などを調べる。プラスチック類は大きいものから小さなマイクロプラスチックまで、深刻な環境問題を引き起こしていることが指摘されている。

太平洋にはゴミベルトと呼ばれるゴミの集積するところがあり、約８万ｔのゴミがあるらしい。ある推計によると、2050 年には海に漂うプラスチックの重量が全魚の重量を上回ることになるという。オランダの環境団体オーシャン・クリーンアップがプラスチックを回収する装置を開発したというニュースが出ていた。オーシャン・クリーンアップが回収を計画している太平洋のゴミの30％は日本からのものだというのだから人ごとではない。日本海ではどうなっているのかわからないが、中国、韓国、北朝鮮から流れ着くので、有害廃棄物の有無を調べるモニタリングにもなる。刺激性の物質が入っている容器が流れ着いたということは過去にもあった。物騒なものがあるかもしれないので、取り扱いには注意を要することだ。ただ、中国、韓国の人たちからすると、ゴミが東南アジア方面から流れ着いていて困っているということらしい。アジア全体で考えるべきだろう。

写真 5-5　海岸のゴミ（漁具）

写真 5-6　海外のゴミ。日本でも一般的に使われている除草剤のグリホサート（ラウンドアップ）

5節　漁業

林業、農業と並んで漁業も斜陽産業である。高齢化率が高くなり、後継ぎがいない。それに沿岸、沖合漁業では農林業と違って遭難の危険もある。それでも最近ではUIターンによる新規の就業が見られるようになってきた。

漁業は林業、農業と違い、基本的に狩猟採集産業だ。漁場に岩や魚礁を沈めたり、養殖業ではブリ、タイ、エビ、ウナギなど様々な魚種が養殖されているが、多くは卵から育てるわけではなく稚魚を捕ってこなくてはならない。自然の回復力がすべてなので、資源管理が重要となる。漁業で食えるのか？

今後の見通しなどを検討してみる。

(1) 漁業で食えるのか？

UIターン者が新たに漁業を始める場合を考えよう。UIターン者が漁業に就こうとする場合、まず漁業就業支援フェアなどに出て、親方を探さなくてはならない。親方が見つかれば弟子入りして1年〜10年、平均すると3年くらいの研修をおこなう。研修中は親方が生活費を出したり、公的支援制度で10万／月くらいもらったり、何もなかったりと様々のようだ。弟子入りして技術を磨く際の人間関係の重要性が林業や農業よりも大きいように思う。これは漁業の特質によるのではないかと思ったりする。林業、農業では技術があるかどうかは別として、自分の土地を取得すればどんな林業、農業をしてもかまわないし、いくら収穫してもかまわない。漁業では公的な海をみんなで利用し、資源がなくならないように誰もが気を配らなくてはならない。一人勝ちのようなことをすると、みんなが困ることになるわけだ。弟子入りの期間に人間性がふるいに掛けられるのではないかと思う。漁業権のある漁業の特質なのかもしれない。研修が終わると、自立するか雇用されるかを選ぶ。

雇用の場合は乗組員をして給料をもらうのだが、漁期に季節性がある場合が多く、周年雇用でないこともある。そのときは副業などもおこなう。給料BANKの『職業年収ランキング』で見ると、20代のマグロ漁師30万円、カツオ一本釣り31万円、海女（海士）10万円などとなっている。

自立の場合、500万円くらいの小型漁船を購入し、小型底引き漁などを始めることになる。技術がすべてだから年収で0〜1,000万円と幅がある。平均的には250万円くらいのようだ。季節その他の要因により漁獲は大きく変動し、計画は立てにくい。それでも漁師をやることの支えとなるのは、魚を捕ったときの喜びと自分には漁師が向いており自分は漁師が好きなのだという思いであるらしい。

『私、海の漁師になりました。』（誠文堂新光社）には12人の新規就業と成功体験が収められているが、小型底引き網漁で自立した濱田さんという人は、27才でハウスメーカー社員から転職し、山口県で漁師を目指す。漁業組合長のもとで研修し、親方に借りた船で懸命に働いても、はじめの頃は年間の水揚げが300万円ほどだった。後に600万円の船を購入し、さらに沖に出るようになって水揚げは500万円くらいになった。さらに、底引き漁で捕れるカレイ類で価格の安いものなどの未利用魚、傷もののワタリガニなどは廃棄されていたが、これを商品化することも考えた。水産加工場をつくって加工し、販売したのだ。この加工場の試みは漁業における6次産業化の例として注目され、おかげで年間1,000万円の売り上げとなった。必要経費は約300万円で差し引きすると収入は700万円ということになる。これは成功事例なので収入は高い。普通は、これだけではやっていけないと考えるべきである。どの分野でもそうだが、絶えず何か工夫をしないと収入はアップしない。

(2) 漁業を取り巻く環境

漁業問題の第一は何といっても資源の減少である。図5-4は「平成26年度水産白書」にあるマイワシを除いた沖合・沿岸漁業生産量の推移である。マイワシを除くのは、1980年代に豊漁期があり、生産量を異常に押し上げているからだ。マイワシは30年～50年周期で豊漁と不漁を繰り返す魚種で、全体の統計に大きな影響を与えているので、この部分を除外しないと全体の傾向が見えにくくなる。江戸時代から「干鰯《ほしか》」として田んぼの肥料とされた。食べきれないほどとれたイワシを肥料にしたのが始まりかもしれない。

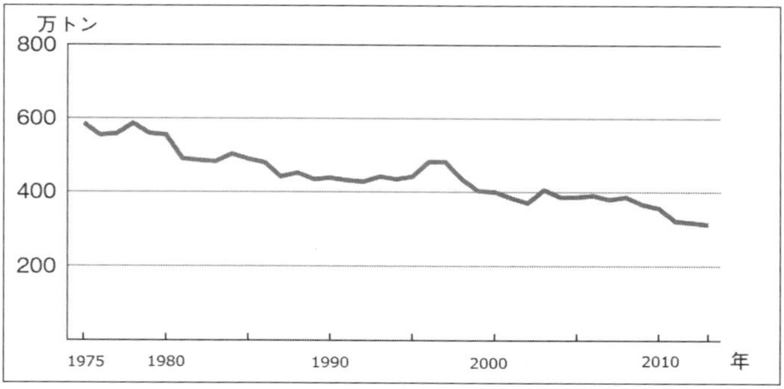

図5-4　マイワシを除いた沖合・沿岸漁業生産量の推移
（「平成26年度水産白書」〈水産庁ホームページ〉より）

グラフを見ると、1970年代に600万tだったものが2010年代には300万tと半減している。実は殆どすべての魚種で減少しているのだ。何度も言うように漁業は狩猟採集型の産業である。自然増加率を上回る量を捕れば、資源が減少することは当然のことだ。

「平成26年度水産白書」では資源減少の原因として、魚種交替現象（マイワシ）、エルニーニョ、藻場・干潟の減少、漁業による乱獲、人間活動の影響とたくさん原因を列挙している。漁業関係者側の責任としては漁業による乱獲が挙がっているが、これだと大半は他に責任があると言っているふうにも見える。主因は乱獲である。

我が国周辺の資源評価というのがあり、主要な52魚種について資源が高位にあるもの、中位にあるもの、低位にあるものの3つに分けると、高位にあるものが17%、中位にあるものが33%、低位にあるものが50%となっている。中位以下は危険水準なので、捕ってよいのは17%、あとの83%は禁漁にしてしばらく資源の回復を待たなければならないのだ。高位の17%に入っているのはブリ、ヤリイカ、サワラ、マダラなど。『これから食えなくなる魚』（幻冬舎新書）によると、食えなくなりそうなのはマグロ、マイワシ、マサバ、サンマ、マダイ、スケソウダラ、マアジ、シロザケ、スルメイカ、クルマエビ、ズワイガニなどたくさんある。別のある研究者によると、この調子でいけば2022年頃には漁獲量がガクンと落ちるだろうというのだから、そう遠くない時期に魚が食卓から消えるかもしれない。そうだとすると、漁業がさらに衰退することになる。一方、そのことで逆に資源が回復するだろう。

漁業については自給率6割と言われるが、先に見てきたように自給率よりも資源消滅の心配をしなければならない。森林資源についてはかつて“ハゲ山”だった多くの山が今は“森林飽和”というくらい回復している。これは価格の安い外材が輸入され続け国内林の伐採が進まなかったためだ。このことは日本の森林の回復を促す一方で、東南アジアの熱帯林破壊に手を貸すことになった。漁業が壊滅し“ハゲ海”となり、魚を全面的に輸入に頼るようになると、同様のことが繰り返されるのではないか。

ところで、漁業者が乱獲をし、漁業資源を枯渇させているのは林業や農業とは全く違う基盤であるからで、倫理や意識のせいにすることはできない面もある。森や農地は多くが私有地であり、私有地では他人に横取りされることはないので計画性を持って持続的な経営をすることができる。漁業の仕事場は公共の海であり、基本的には誰が利用してもよい。魚が減っていることがわかっていても（実際わかっている）、来年の漁のために自粛していると他の誰かに捕られてしまう。それなら自分が先に捕ったほうがいい。そして、誰も望まない資源の枯渇をみんなで招いてしまうのだ。海版の「共有地の悲劇」である。

これを防止するため、漁業の歴史のところでも述べたように沿岸漁業では漁業権が設定され、資源の枯渇を防いでいる。遠洋漁業では国際的な制約があるので、これに縛られる。ところが、沖合漁業では規制が緩く浮魚から底魚、エビ・カニまで乱獲の危機にある。日本をはじめ多くの国ではTAC（漁獲可能量）を設定し資源の減少を防いでいるが、日本の場合はうまく機能していないようだ。TACというのは、資源調査をおこなって今年度の成長分だけ捕るようにすれば資源を維持できるという考えに基づいて決められた漁獲量のことだ。

例えば、今年サバ10tが漁獲可能量だとすると、これを各漁業者に振り分け（IQ方式という）、それ以上捕ってはいけないとする。日本の場合は10tを決めるだけで振り分けをしないので捕るのは早い者勝ち（こちらはオリンピック方式という）、よってみんな一斉に漁に出ることになる。全部で10tになったところがゲーム終了時間だ。これだと色々問題が起こる。一番の問題は魚が安くなることだ。一度に大量に市場に出るからだ。TAC対象魚種もサバ類、サンマ、スケトウダラ、スルメイカ、マアジ、マイワシ、ズワイガニと7種で少なすぎる。100種以上、できれば全部設定すべきだ。とにかく、何が何でも資源の回復が必要なのだ。

最近のニュースによると、オリンピック方式はIQ方式に、漁業権は漁協優先という制度の見直しが政府内で始まっているようだ。

内水面漁業についても同様である。アユが減っているのは捕りすぎなのだ。禁漁期間を延ばしたり、落ちアユの生存数を増やそうとしたり様々な対策を講じているが、決定打となっていないようだ。海も川も自然回復しかない。

海も川も３年の禁漁期間を設けるべき、というのはどうだろう。先に３年を決定し、その後で漁業者に対する補償問題をどうするか考えるべきではないか。

(3) 漁業の将来

日本の漁業はクジラ、マグロ、ウナギ、イルカなど国際的に批判される場面の多い産業でしかも高齢化が進み、衰退産業ということであまり明るい未来という感じはしない。それでも排他的経済水域が世界６位という広さ、温帯域で魚種が豊富であること、長い漁業の歴史、ノルウェー、ニュージーランドなど再生を遂げた例もあることなどを考えると、日本にも再生の道があるのかもしれない。資源が枯渇して魚が食べられなくなったとしても０匹になるわけではないだろうから、シロナガスクジラのようなものを除いて数年捕らないでいれば、また資源は回復するのではないか。

漁業権をテーマにして取り組んでみるのもおもしろいかもしれない。林業や農業に林業権や農業権はないので。漁業権はそもそも、豊臣秀吉が海賊を島に縛り付けておくために始めたのが起源らしい。江戸時代には「磯は地付《じつき》、沖は入会《いりあい》」と言われた。磯漁は漁村が管理し、沖合は誰が捕っても自由という意味だ。磯では漁村同士で漁場をめぐって争いが絶えなかったが、漁業技術が低かったので沖合では捕る人が限られており、「好きな人が捕って下さい」、でよかった。現在では磯漁に当たるのが沿岸漁業で海岸から１～3km の区域になる。そこから先の 200 海里（370km）までが排他的経済水域で沖合漁業、200 海里より外は公海となり遠洋漁業の対象となる。公海では誰が捕ってもよいが、マグロなどのような特定の魚は国際的な規制に縛られることになる。

漁業権は漁協に優先的に交付され、漁協は資源を保護しつつ漁民間の調整をおこなう義務を負う。魚はどうなるのかというと、泳いでいる間は公共物だが、漁師が捕った瞬間に漁師の所有物になる。捕る前から漁師の所有物ではない。

近年ではマリンスポーツや釣りなど漁以外でも沿岸の利用が増えている。水産基本法では水産業・漁村の多面的機能を生かせと言っているが、実態もその方向にあるわけだ。しかし、ダイビングをしていると、漁協が「潜水料」を払えと要求したという事例があったりするそうだ。私の聞いた話でも、川で高校生が釣り（アユ釣りではない）をしていると漁協の人から「入漁料を払え」と言われたという。高校生の釣りとアユ資源に何の関係があるのか。漁業権を私物のように扱っているから、このようなことが起こるのではないか。

海の憲法である国連海洋法条約では、魚は人類共有の財産であると規定している。海や魚は公共の財産なのだから、本来、漁協が漁業権を盾に「金を払え」というのはおかしい。決められた魚種や海藻の漁業権を与えているのは食料を供給し資源の保護義務も負っているからだが、実際には乱獲して資源の枯渇を招いているのだから資源保護の義務を果たしているとは言えない。

漁業では行政も漁民も研究者も資源の減少がわかっているのに、なんら有効な対策や新しい芽が見えない。このままではあと５年で漁業が崩壊するという意見にうなずかざるを得ない。ただ、この見方は一方的かもしれない。

林業や農業も衰退している。しかし、自伐林家や有機農業のような新しい芽があった。漁業にはどんな芽が出ているのだろうか。

森、川、海は社会的共通資本であるという考えがあった。森は私有地が多いが川、海は、はじめから公共の空間である。『社会的共通資本』（岩波新書）にある文を再掲すると、「社会的共通資本は決して国家の統治機構の一部として官僚的に管理されたり、また利潤追求の対象として市場的な条件によって左右されてはならない。社会的共通資本の各部門は、職業的専門家によって、専門的知見にもとづき、職業的規範に従って管理・維持されなければならない」とあった。おそらく、行政、研究者、NGO、漁民、市民の参加による委員会で漁業その他の利用に関する決定をおこなっていくのがいいのではないか。中高校生にとっては自分たちの将来なのだから、このような将来のしくみを構想してみるのはどうだろう。

(4) 漁業と環境

漁獲量減少の理由の一つに藻場や干潟の減少がある。藻場はアマモなどの海草（種子植物）やホンダワラなどの海藻（紅藻、褐藻、緑藻植物）の生えているところである。藻場は稚魚の保育場所としてなくてはならず、藻場を利用する魚種は100種以上になるという。干潟は二枚貝の生育場所としてこれもなくてはならない。藻場がなくなれば漁業資源は維持できない。干潟も同様である。

現在、日本に海草・海藻が生育できる水深20m以内の海域は300万haあるが、そのうち藻場となっているのは約10万ha（2007年）で3%しかない。1978年にはまだ20万haあった。30年で半減したということ。干潟の方は1945年に8万haあったが、2007年に5万haと6割に減った。主な原因は埋め立てによるらしい。藻場や干潟は森里海のつながりが感じられるところなので、注目したいところだ。

藻場に関連して、海底の環境はどうだろうか。漁法の中には底引き網というのがある。沿岸でも沖合でもおこなわれるこの漁法は、海底を網で引くので植物を含めた生態系にダメージを与えている。キチジという赤い魚がいるそうだが、底引き網のせいでエサとなるエビ類の隠れ家がなくなり、代わりに栄養価の低いクモヒトデなどを食べているのでガリガリに痩せた個体になっているという。国連や環境団体は底引きトロール操業を禁止すべきだと言っている。森や里は目に見えるが、海の底は見えないので対応が遅れるのだ。

6節　課題・テーマになりそうなこと

海編は本当にできることが少ないので悩むところだ。海は生物も多様で、トピックは多く、知識としては多いにもかかわらず、中・高校生が実際に取り組める実験や観察となるとなかなか出てこないのだ。『海を学ぼう－身近な実験と観察－』でも、カニ観察、コアセルベートつくり、波の観察、海水の水質検査など限られたものしかない。繰り返しになるが、無理に自然科学的な実験観察にこだわらないで考えれば、課題は見つかる。

①海藻類の飼育

ワカメやホンダワラなどの水槽飼育と水質浄化の働きを調べる実験がありそうだ。沿岸の水質浄化として考えられるケースもあるようなので、実験室でのデータを取ってみる。

②海藻の肥料としての利用の歴史

海藻・海草がどれくらい耕地の肥料として利用されてきたのか。文献調査でわかるかどうか心許ないが、どこかに資料があるかもしれない。

③海草の標本づくり

これは簡単にできるが、種の同定が難しい。一度わかれば、意外に簡単かもしれない。とにかく専門家に一度はお世話にならないといけない。

④野菜廃棄物をウニのエサにする

神奈川県でおこなわれた実験だが、発展的な実験は考えられないか。廃棄物の利用にこだわらないで、野菜くずが海に出て、例えばウミウシに利用されているとかいったことでもテーマになりそうだ。

⑤海岸生態、生物地図

海岸の生物地図をつくる。日変動、季節変動など地道な観察調査が必要。数年前、日本海側にある益田市の海岸でウミガメの産卵が観察された。どうも孵化しなかったようだが、海岸には思わぬ珍客があったりするようだ。

⑥ネット引きによる生物調査

魚が多く捕れるので楽しいのはこれだ。大量だとさらに良い。網の値段、漁協との交渉、県への届けなど面倒もある。島根県の漁業調整規則では、教育実習のためにおこなう水産動植物の採捕は「漁業調整規則の適用除外」で、知事に申請するだけでよいようだが、どうなんだろう。

⑦貝類の水質浄化

水質の目に見える汚れの変化を見るだけなら数時間で終わる。温度との関係、窒素やリンなどの変化も測定すればさらに詳しく調べられる。貝類の水質浄化機能を調べるのに、もっと発展型の実験は考えられないか。

⑧イルカ問題

問題点を再掲する。①イルカは殺してはいけないが、ウシはいいのか。②殺し方が残酷か、③イルカ漁は伝統漁法か、④イルカは知能が高い、⑤イルカは水銀で汚染されている、⑥イルカは増えているか。クジラの場合はどうだろうか。

動物倫理、動物福祉、文化に関わる広範なテーマとなる。水族館のイルカやアザラシ、さらには動物園の動物はこのままでいいのか。動物の福祉の観点から、従業員の立場の観点からなど様々な観点から検討する。

⑨護岸工事

砂浜と護岸工事のミニモデルでシミュレーションしてみる。少しばかり道具と場所が必要になるが、波の影響によって工作物がどうなるか案外おもしろいかもしれない。

⑩ビーチコーミング

浜に打ち上げられたゴミの分類と計量が出発点だ。本当に様々なものが流れ着く。医療廃棄物や化学的な危険物に注意が必要。ことによると自治体への通報も必要になる。さらに、集めたら集めたでその後どうするかも考えないといけない。

⑪海は共有財産

海は公有物である。漁業以外にも多面的利用が考えられている。どのように共同管理をすればいいのか、未来の姿を構想する。

7節　川、森、里、海編全体の短いまとめ

川をはじめ森、里、海は古代から開発され、人工化されてきた。自然破壊も起こっていたが、そのスピードはゆっくりとしたものだった（文明的な要因）。現代になると、市場経済のもとで開発は加速し、自然破壊も凄まじいものとなった。一方で、経済制度が保全に働くこともあった（社会経済制度的な要因）。

今後は、これまでと同じような歩みを続けるのか、それとも新たな管理のしくみを考えるのか、検討しないといけない。

6章　授業の実践

5章までの川、森、里、海についてのまとめは、構成主義で言うところの教える側の教師も生徒と同じような「協働の参加者・探求者」として、森里海の問題に取り組むことを前提に、課題・テーマを探るという目的でやってみたものだ。400点以上の文献に当たったので（文献は、はじめから終わりまで読んだわけではないが)、かなりの時間がかかってしまった。もっと調べたいことがあれもこれもあったが、対象範囲は森里海とあまりにも広く、結局のところまだら模様で終わらざるを得ない。それでも良いと思う。解説書ではないし、関心、課題も地域によって違う。本当は授業実践の前におこない、テキストを作成したいところだが、それは無理で、実践1年目が終わったところで1年目の実践も踏まえテキストを完成した。

授業実践は2015年4月から2017年3月までの2年間島根県立吉賀高校で非常勤講師としておこなった。当時、私自身すでに病気で退職しており、他校で非常勤講師をしている身分だったが、吉賀高校の齋藤校長から環境に関する学校設定科目を担当してくれないかと話があり、「環境なら」と引き受けることにしたという経緯がある。普通科2年・3年の選択科目で初年度受講者は5人しかいなかった。希望者が少なくこれで本当に続くかなと心配したが、授業実践上はむしろ幸いだった。というのは授業では外に出ることが多く、生徒の輸送が大変だろうと心配していたのだ。ところが、5人だったことで何とでもなった。授業準備にかける時間も少なくて済み、授業内容の検討に時間をかけることもできた。実験的に始める授業はこんな感じで始まって少しずつ経験を積むのがよいのかなと思う。因みに、現在この選択科目は11人の受講者がいるそうだ。

最近は島根県の高校に県外から入学するケースも増えている。何でもある都会を離れて田舎に来る理由は何だろう。私がかつて大学院休職制度を利用して東京学芸大学大学院在籍中に神奈川県立大師高校で1年間授業の参与観察をおこなったり、全国50校近くの高校を訪問して聞き取りをしたりした経験から思うことは、彼らが求め、こちらが提供すべき内容は自然、学び、人との関係の3点だろうということだ。それも金太郎飴のような全国どこにでもある均一のカリキュラムではなく、その土地固有の、その学校固有の、その教師固有のカリキュラムである。

1節　カリキュラム構成

単位：2年生2単位「環境基礎」、3年生2単位「環境演習」

目標

1. 高津川流域（吉賀町、津和野町、益田市）をフィールドと定め、森、里、海のつながりを考える。
2. 環境問題のみに注意を向けるのではなく、環境を保護しつつどのように地域づくりをしてゆくのかを考えてゆく。森と林業、里と農業、海と漁業というように環境と産業の両輪で考える。本校でのキャリア教育とのつながりを意識しながら学んでゆく。
3. 学校だけで閉じる教育ではなく、行政、NPO、大学、事業体、地域住民の協力を得ながら進める。この過程を通じて学校外の人からも積極的に学ぶ。（実際には都市部と比べ協力してもらえるNPO、大学、博物館など外部団体が圧倒的に少ない）

カリキュラム

学校現場でカリキュラムと言えば伝統的には学習内容・範囲（スコープ）をある考えのもとに配列（シークエンス）したものということになるが、積み上げ型の学習ではなく相互関連の学習なので、順序は任意としシークエンスは考えない。

次頁に示したように森、里、海に関するトピックをいくつか取り上げておき、あらかじめ簡単な概要を学んだ上で現場を訪れ、可能な限り現場の話を聞く。そこからどんな課題・テーマがあるかを考える。これを課題発見学習と呼んでおく。1年目（2年生）に1年かけて課題発見学習をおこない、多くの課題・テーマを抽出する。研究タイプとしては仮説生成型研究に相当する。2年目（3年生）ではこれらの課題・テーマを整理した上でこの中から

1つ選び出し、課題研究をおこなう。これは仮説検証型研究に相当する。通常、生徒はいきなり課題を与えられるが、1年間にわたって森里海全体を俯瞰してある程度の知識・イメージを得た上で、つまり周辺知識を得た上で課題研究に取り組むことを意図している。2年目ではいくつもの抽出された課題の相互関連を探る、いわゆるメタ分析をおこなってもいいだろう。

学習内容・範囲・テキスト

川編

(1) 高津川はどんな川か

(2) 河川工事から考える(外部講師)

森編

(3) 自伐林業から考える(外部講師)

・キノコから考える

(4) 森の野生生物から考える(外部講師)

(5) エネルギー自給社会を考える(一部外部講師)

里編

・アユ漁から考える(外部講師)

(6) 川魚から考える(外部講師)

・植物から考える

・水生昆虫から考える

(7) 有機農業から考える(外部講師)

・田んぼの生き物から考える

海編

(8) ハマグリから考える

(1)～(8)は、2節で授業例として取り上げる。・は省略する。テキストの内容は、まず、概要の説明をした後、「現場を見よう」「現場観察から発見した課題・テーマ」の順になっている。「(5) エネルギー自給社会を考える」は2章～5章には出てこないが、別に検討している。「(8) ハマグリから考える」は海が学校から遠く、時間的に無理だったのでとりやめざるを得なかった。従って、こんなふうにしたかったという内容だ。

これらの他に「廃棄物のリサイクル」などの内容も講師を招いておこなったりNPOの人を招いてワークショップのやり方なども学んだ。また、1回は京都大学フィールド科学教育研究センター長の吉岡崇仁氏をお招きし、近くの中学生も招いて森里海の環境教育の元になった「森里海連環学」について講義していただいた。やや難しかったようだ。

公開講座という形にして町民にも参加してもらう授業も何回かおこなった。学校で閉じる教育ではなく、町民も参加し、会話があれば生徒にとっても刺激になると考えたからである。スーパーなどに広告の貼り紙をして町民に知らせたが、これはあまりうまくいかなかった。高齢世代60代～80代の方が来てくれることを期待したのだが、実はこの年代の人は農作業等で働いている人が多く、昼間は家にいないのだ。

2節　課題発見学習（1年目）の授業例

(1) 高津川はどんな川か

年配の人は「昔の川はこんなことなかった。もっと魚がいた」とか「もっと河原があった」とか自分の体験から川を語る。しかし、その体験は長くても数十年である。今の川は本来の川なのか、それとも本来の川ではないのか？ まず川とはどんなものか、そのあたりから見てゆこう。

川の特徴を挙げると、①連続性がある、②かく乱がある、③瀬と淵の繰り返しで出来ている、の3つである。当たり前のように感じられるところもあるがこの3つの特徴の中に色々な問題が隠されていることがわかる。

①連続性がある

まず、窒素・リンなどの栄養塩類であるが、例えば自然の川では下流に存在する窒素類の4割から9割は上流から供給されるという。それらは森から出てくるので、森と海がつながっていることを示している（P42の図2-9参照）。漁業をする人が森に木を植えたりするのは、このつながりがあることを理解しているからだ。

次に、水生昆虫や付着藻類を見てみよう。上流では落ち葉がトビケラなどのエサになる。中流では上流から流れてきた破片をヒゲナガトビケラなどが網を張って捕獲しエサとする。また、光が川の中まで届くので藻が生え、これをヒラタカゲロウがかき取って食べる。

下流になると流れてきた栄養塩類、糞や細かい有機物を利用して植物プランクトン、ユスリカ、イトミミズなどが生活している。上流のトビケラが葉っぱをかみ砕いてくれなければ、中流のヒゲナガトビケラは生きてゆけない。下流のユスリカなども流れてきた糞や有機物を利用している。

魚も上流と下流の間を行ったり来たりしている。アユ、サクラマス、アユカケ、ウナギ、モクズガニなど川と海を行き来するものは当然として、一生川で暮らす魚も一定の範囲で上ったり下ったりしているのだ。

上下のつながりだけではない。川の岸がくぼんだワンドと呼ばれる水たまりがあったり水田があったりするので、生物は横への行き来もする。

ダム、堰堤、堤防はこの川の連続性を断ち切ってしまう。魚道も本当に魚が通る道として機能しているのか怪しいものもある。

②かく乱がある

森林、草原、海などと比べ、川には大きなかく乱が生じる。洪水や渇水などである。大洪水が起こると、動物・植物は川底の小石などと共にはがされ、流れてしまう。岩場、草木の隠れ場所が必要になるが、長い年月を通じて川に棲息する動植物はこのような大きな環境変化に適応してきたのだ。例えば、水草のヒメバイカモは洪水のたびに土砂に埋まり生育場所を変えているように思えるが、適応力のおかげで今日でも生き延びているのだろう。

トビケラのような底生生物も、カワムツのような魚も、他の水生植物も、同じように激しく変わる環境への適応力を持っているはずだ。しかし、河川工事で直線的となった川の場合はどうなるのだろうか？ 適応力を超える環境変化が起こっていないか心配だ。

洪水はたいていマイナスの影響を及ぼすものとして語られることが多いが、プラスの側面もあるのだ。例えば、アユは下流の小石に産卵するが、洪水で小石が上流から運ばれるおかげで産卵できる。ダムや堰堤で小石の流れが妨げられると、小石が不足してしまう。また、海岸では上流から砂の供給があるおかげで砂浜が維持される。砂の供給が減ると海岸線が後退する。ある計算によると、日本のダムに溜まった砂を海に流せば1mの深さで100m幅の海岸が15,300㎞出来ることになるという。日本の海岸は約34,000㎞だから半周分ということになる。

③瀬と淵の繰り返しで出来ている

自然の川をよく見ると規則性があることがわかる。川は蛇行しながら流れの速い瀬と流れの遅い淵が交互に繰り返されているのだ。瀬では白波が立ち、川底にしっかり根を下ろしている石もあれば、下の細かい砂が流されて浮き石状態になっている石もある。光がよく当たるので藻類の生育も良く、カワゲラ・カゲロウなど水生昆虫が多い。これらをエサとするアユ、ウグイ、カワムツなどの好む環境となっており、産卵場所としても利用される。淵のほうは波が立たず、川底には砂と泥の混じったものが多い。落ち葉などが溜まり分解が進んでいる。コイ、フナなどが好み、小魚を含め魚の隠れ場所ともなっている。

河川工事で川が直線化し、瀬と淵がなくなると隠れ場所がなくなってしまい、鳥に補食されやすくなったり洪水によって流されたりして、その数を減らしてゆくことになる。

さて、高津川の魚の歴史を少し振り返ってみよう。大まかに見れば、今から

日本の淡水魚相の成立

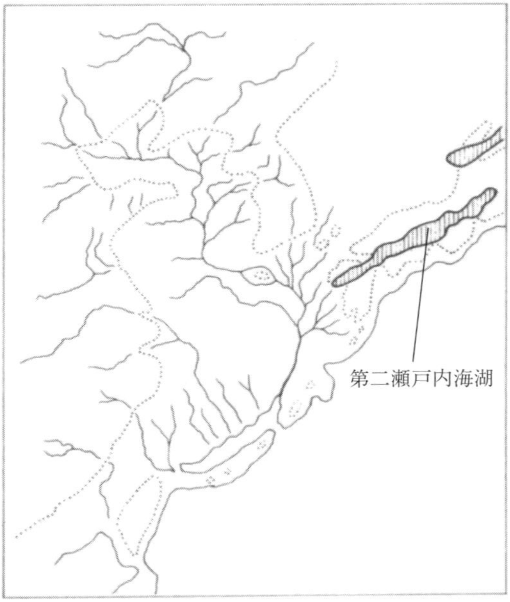

図6-1　淡水魚の広がり
（『日本の淡水魚類』〈東海大学出版会〉より）

500万年前から250万年前くらいの間に中国大陸方面から川伝いに進入してきた魚が第二瀬戸内海湖（**図6-1**）と呼ばれる古い湖に入り、西日本一帯に広がって今日の原型が出来たと考えられている。従って、高津川の魚は中国地方や四国・九州の川ともだいたい似ているということになる。その後、地球が温暖化して海が日本海にまで広がると、日本は孤島となり川はゆったりした安定したものから急流の不安定なものに変わった。今日生き残っている魚たちは変化の激しい不安定な環境を生き残った強者《つわもの》ということになる。

(2) 河川工事から考える

河川工事は、川の生態系を守る立場からは環境破壊の原因と見られることが多い。例えば「工事のせいで魚がいなくなった」「ダムのせいで魚が上れない」など。ここではもう少し大きな視点で考えてみよう。

弥生時代に日本人が米づくりを始めた頃から川との戦いも始まった。いきなり大きな川沿いに水田などつくるとすぐに洪水で流されるので、山間の谷筋に小さな水田をつくり、石垣などで小川の流れを抑えるといったことから始まった。その後、時代が下ると治水・利水事業は領主や大名の一大事業になってゆく。なぜなら洪水調節ができないと経済の土台である米の生産が低下するし、高速道路のない時代にあっては川が重要な輸送路となっていたからだ。武田信玄は「信玄堤《しんげんつつみ》」をつくり、豊臣秀吉は「文禄堤《ぶんろくつつみ》」をつくった。

城が山の上から交通の便利な平地につくられるようになると、その周りに都市が形成された。上下水道も川頼みだ。また、川の漁業は大切なタンパク源でもあった。古代から近代まで、川は現在考えられるよりもずっと人々の生活や経済を左右するものだった。この川をなんとかして洪水から守り、利用もしたいと考えるのは自然なことだったであろう。

全国には約14,000の一級河川があり、高津川はその一つである。本流には支流があり、一級河川とは別に二級河川などもあるので、それらすべてを含めると約35,000の川がある。

明治になると、近代的な技術が輸入され、外国の専門技師もやってきて全国の河川に治水工事がおこなわれるようになった。戦後は治水に加えて工業用水、農業用水、発電など利水の側面も大きくなり各地でダムが多く建設された。現在ダムの数は2,752、砂防ダムは10万あるという。

洪水調節はどのように考えておこなわれるのだろう？ 川には雨水が流れ込む流域というものがある。日本の場合は降った雨がすぐに川に流れ込むので、大まかに考えて流域面積×降雨量が川に流れ込む水の量だ。この水をできるだけ早く海に流せばよい、ということになる。従って、川を広くし、深くし、まっすぐにすることが重要となる。山から土砂が流出して川が埋まらないように山の中腹まで砂防ダムも多く造ってきた。

淀川や利根川のような大きな河川では150～200年に一度、高津川では益田市のような地方都市で100年～150年に一度、吉賀町のような農村部で10年～50年に一度の洪水を安全に流すことを目標としているが、まだ達成されていない。因みにライン川下流部のオランダでは1万年に一度、イギリスのテムズ川では1,000年に一度の洪水に対応できるそうだ。

洪水は恐怖である。日本は雨の多い地域であり山が急であることによって多くの洪水被害を生んだ。戦後になっても台風・長雨・集中豪雨などにより1,000人を超える水害が7回も起こっている。1953年西日本水害では筑後川流域で1,001名、1959年伊勢湾台風では木曽・長良・揖斐《いび》川流域で5,098名の死者・行方不明者を出した。近年では河川工事がかなり進み、激しい水害は減っているものの、温暖化による気象の激変もあり洪水対策はさらに必要とされている。

他方で力による洪水押さえ込みの限界と環境意識の高まりにより、河川環境重視の空気が生まれてきた。川の管理は治水・利水に加えて環境の3本柱になったというわけだ。まっすぐなコンクリート三面護岸の川はもはや川とは言えず、溝に過ぎない。魚や水生昆虫などの生物が生息できないし、子どもや地域の人たちが憩い遊ぶ場ともならない。そこで、近自然型川づくり、多自然型川づくりと言われる方法で河川工事や河川の自然復元がおこなわれるようになってきた。

「河川は本来、ときには手足を伸ばして氾濫したいとの強い意志を持っている」と考える河川専門家もいる。川を無理やり、設計通りの河道に押し込めようとせず、洪水エネルギーをうまく解放する科学技術と方法を発展させることで、生物や草花も育み、悠々と流れる川を再生できるということだ。

高津川の戦前の洪水記録を見ると、大正8年（1919年）の洪水で死者・行方不明者10名、床上浸水2,253戸、昭和18年（1943年）の洪水で死者・行方不明者244名、床上浸水3,921戸の被害を出している。戦後は改修工事も進み人的被害が出ることはほぼなくなったが、昭和47年（1972年）の洪水のようにそれまでの想定を超える雨量が生じた場合には、農地や宅地・交通網などに大きな経済的被害をもたらすこともある。

〈キーワード〉

「河川工学」「応用河川生態学」「浜田河川国道事務所」「津和野土木事業所」

～現場を見よう

◎案内人：藤井浩氏　島根県益田県土整備事務所津和野土木事業所

高津川における自然環境に配慮した河川工事をおこなっている。

説明要約

集中豪雨を伝える新聞記事などを示しながら、過去には30年に一度の割合で洪水が発生していることを説明された。これを防止するための河川工事をおこなっている。

写真6-1　流域地図をつくってきてくれた

今後は、数kmにわたって掘削が必要であるが、今は住民の合意が得られず中断している。川底の生物相には影響が出るだろう。回復までしばらく時間がかかると思う、とのこと。

写真6-2　可動式堰堤

可動式の堰堤がある。普段は水田への水の供給をおこなうが、洪水時にはしぼんでぺしゃんこになり水をスムーズに流す。これでは生物の移動が妨げられる。そこで横に魚道がつくられている。この川には国の天

写真 6-3　折り返して上る魚道

然記念物であるオオサンショウウオの生息が確認されており、魚道にはオオサンショウウオが上れるような工夫があるという。魚道を降りたところには、穴あき（オオサンショウウオの隠れ家）のコンクリートブロックが沈められている。環境対策としては動物ではオオサンショウウオ、オヤニラミ、イシドジョウ、イシドンコ、グンバイトンボ、植物ではヒメバイカモに配慮した工法、対策があるということだ。

現場観察から発見した課題・テーマ

教師も探求者という前提だから、気づいたことは生徒の発見したものに付け加えてゆく。

①魚道やオオサンショウウオの隠れ家には効果があるのか

②河川工事は内水面漁業（川の漁）にどのような影響を与えているか

・工事中の濁り、生息場所、流下する石や砂など

③河川工事は漁業（海の漁）にどのような影響を与えているか

・砂地の減少、護岸工事への影響など

④林業と砂防ダム

・災害や林業の側面からこれまでの砂防ダムの歴史を調べる

⑤河川敷に親水公園を設計する

⑥河川敷の植物

・樹林化する河川敷をどうしたらよいか

・河川敷の植物をしらべ、どのような植物群落になっているのか検討

⑦理想的な魚道の提案

・高津川の魚道を調べ、どのように改良すべきか検討

(3) 自伐林から考える

環境保全型農業があるように環境保全型林業もあるだろう。普通、森林では農業のように化学肥料や農薬を撒いたりするわけではないので、環境保全型と言ったりするのはおかしいかもしれない。では、環境保全型林業とはどのようなものを言うのだろうか。まず、生物多様性が保たれていることが挙げられる。若い人工林では生物種が少ない。また広い面積で皆伐《かいばつ》（すべて切る）をおこなうと多様性は失われるが、選択しながら切る択抜《たくばつ》によるなら多様性は維持できる。次に土砂が流出しないことである。伐採により地面がむき出しになり、大雨で土壌が流出してしまうことがある。伐採のための作業道を無造作につくったりするとこういうことが起こる。

林業は、施行方法により自分で切り搬出する自伐と、森林組合や伐採業者にすべて委託するやり方と2つに分けることができる。また、規模が大きいか小さいかで小規模林業家と大規模林業家に分けることができる。こうして、自伐大規模、自伐小規模、委託大規模、委託小規模の4つに分類できる。大規模だからといって環境破壊型林業とは限らない。例えば森林認証制度を取得して環境保全型となっている大規模事業者がいるし、小規模でも作業道や伐採の仕方によっては環境破壊型となる。

益田市、津和野町、吉賀町の3つの自治体では自伐林業家を育てる政策をとっているので、ここでは自伐で小規模林業家を取り上げよう。

高津川流域は9割が山林で、その面積は12万haである。毎年40万m^3成長しているので、成長分を切る限り森林を減少させることはない。しかし、実際に利用しているのは8万m^3と、利用可能量の20%に過ぎない。かつて1m^3（軽トラック1台分くらい）が4万円もした丸太の価格は現在1万円くらいとなっており、林業が成り立たなくなってきた。林業の衰退した農山村をもう一度蘇らせようと注目されているのが、自伐林業である。昔から小規模で林業をやってきた人にとってはさほど新鮮みはないが、都会から新たなライフスタイルの追求、環境保全型の林業、地域振興、石油に代わるバイオマスエネルギーの利用など、新時代の理念を持って田舎に入ってくる若者にとって自伐林業は可能性を秘めた職業となっている。

費用のかかる大型の高性能機械（すごいのがある！）を使わず、林内作業車（キャタピラの付いた運搬用の車）、チェンソー、ユンボ（工事現場などでよく見るやつで土を掘ったりする機械）、2tトラックがあれば始められる。はじめはアルバイト程度から始めて、副業程度に進み、本業に至る道筋も考えられている。また、初心者のために多くの講習会も開かれていて、環境に配慮した作業道のつくり方、皆伐ではなく選択伐採のやり方などを教えてくれる。もっとも、習熟するには時間がかかる。

今、森林は50年前に大量に植えられたスギやヒノキが間伐《かんばつ》（細い木を切って間引きし密度を下げること）を必要とする時期に来ている。太くまっすぐな木を育てるためである。ところが、間伐をしてもそれらの木は安い値段でしか売れず利益が出ないので誰もやらない。自伐林業では地域自治体などと協力して間伐材を出すと利益が出るようなしくみを考案し、実施している。

林業が低迷していることや環境に配慮しない林業がおこなわれることの第一の原因は、木材価格が低いことにある。農業では米麦などの生活に欠かせない主食は価格を維持するという政策がとられてきたが、木材の場合は市場で自由に決められた。安い外材が入るようになると国内の価格もそれにつられて下がっていったのだ。環境に配慮しない業者がいるのは、それをやると費用がかかりすぎて経営が成り立たないからである。一般に自伐林業家の環境意識は高く、森林の生態系を守ることに貢献しているが、経営についてみると苦しい。現在全国の木材生産量のうち、自伐林業家から出てくる木材の量は17%ほどである。

〈キーワード〉

「自伐林業」「高津川森林組合」「土佐の森」「作業道」「森林・林業学習館」

～現場を見よう

林業の話と体験をお願いした人：川本隆光氏（林業家）

説明要約

学校を卒業して以来林業の道一筋、数十年のベテラン。川本さんは「林業ほどおもしろいものはない」と言っている。

自伐林業家として生きることはできるが、仕事は3K（きつい、きけん、きたない）職場だ。高知県の例では年間400万円～500万円収入を上げる若い人もいるそうだ。外車を買うほどの余裕があるという。要は工夫次第ということ。環境面については、林地をきちんと管理すれば土砂の流出もなく自然保護に貢献できると思う、とのことだ。

写真6-4　川本さんの話を聞く

これからは、どうやって付加価値を付けるかも考えないといけない。例えば、林内に短期に収穫できる薬草を植えるとか、マキやサカキなどで収入を稼ぐとか。

現場観察から発見した課題・テーマ

①植林した苗木がどのように選抜されてゆくのか調べる

・植林した苗木が生育するに従って間伐され、選抜されてゆくが、どのような基準で間伐されるのか、どうやって間伐されるのか

②森林伐採は海・川にどんな影響を及ぼすのか

③林業に新しい仕事を加える

・林間に薬草を植える。これは可能性があるか

・サカキ、マキなどの生育期間の短い商品樹木を植える。これは可能性があるか

・新しいキノコなどはないか

④農家＋林業という生き方は可能なのか

⑤高津川流域で9割を占める森林の管理計画を考える

・保護林、育成林、公園などの区割りをおこなってみる。100年から数百年の計画をつくってみる

⑥森林を伐採したら海藻が育たないという話は本当か。逆に、広葉樹の森があると海藻が良く育つという話は本当か

(4) 森の野生動物から考える

高津川流域の9割を占める森林の中には、色々な野生生物が暮らしている。単にいるというだけではなく、生態系の維持に重要な役割を果たしている。一方、林業、農業などから見ると有害鳥獣と見なされるものもいる。保護か駆除かは今後も難しい問題である。

この流域に生息する哺乳類ではツキノワグマ、ニホンザル、イノシシ、ニホンジカ、キツネ、タヌキ、ヤマネ、モモンガ、ムササビ、ホンドイタチ、テン、アナグマ、ノウサギ、カヤネズミなどのネズミ類、モグラ類、コウモリ類など数え上げてみると結構いることがわかる。田舎に住んでいても日中は殆ど出会うことはないので、あえて思い出してみなければいることすら忘れてしまう。かつてはニホンオオカミやカワウソもいたが、狩猟のため絶滅した。オオカミやカワウソは森林や川の食物連鎖の頂点に位置する動物なので、シカやイノシシ、ウサギなどの動物や川の魚の数を抑制していたと思われるが、人はライバルのオオカミを消してしまった。

最近、林業、農業で有害鳥獣として取り上げられるのは、クマ、シカ、サル、イノシシである。いずれも体が大きいので食害が大きくなる。本来、森・奥山にいたクマ、シカ、サルが里に出てくるようになったのはなぜだろうか？ 理由は単純で、里の人口が減り、脅威が減ったからである。高津川流域の5割は針葉樹林で森にいてもエサは少ないが、里には柿や栗など果樹や農作物があり、しかも人がいないのだから当然のように出てくる。私たちはこれらの動物が森にいるのが当たり前だと思ってきたが、本当は本来の生活場所に帰ってきただけかもしれない。

役場の防災無線で「～にクマが出ました。付近の方は注意して下さい」と呼びかけがあるので、このときはクマが近くに出るかもしれないなと少し緊張する。だから、ツキノワグマはいなくてもよいと言う人もいる。しかし、クマは必要のない、不要な動物だろうか？

実は、クマは森の中で物質の循環に貢献しているのだ。クマはサケを捕る。食べ残しは鳥や他の動物のエサとなる。やがてサケの成分は糞として森に散布され植物の利用するところとなる。つまり栄養分の下流から上流への移動に貢献しているのだ。次に、クマが食べた果実類の種は糞の中に混じり広範囲に散布される。多くの種類の果実を食べるので、森の生物多様性を維持することに貢献していることになる。

意義は認めるけれども人を襲うかもしれないので共存は無理だ、という考えにも頷ける。どうすればいいのだろうか。まだ答えの出ない問題だ。

海外からの侵入種も目立つようになってきた。川で見かけるヌートリアはカワウソと間違えられたりするらしいが、高津川上流部でも見られるようになってきた。アライグマは益田市で確認された後、個体数が増加している。同時に農作物への被害も見られるようになってきた。いずれも平野部の人工的な環境で増えているようだ。

〈キーワード〉

「日本の野生動物」「鳥獣被害」「頂点捕食者」「WWF」

> 〜現場を見よう
> 　クマの話と案内をお願いした人：金澤紀幸氏（島根県西部農林振興センター）

説明要約

西中国山地のツキノワグマ個体群は東中国山地から離れて孤立している。推定で300頭〜400頭生息していると考えられている。

クマの性格は基本的に温和で臆病、母性本能が強い、食べ物への執着心が強い（人のものでも一度自分のものにしたらずっと自分のもの）初夏に交尾する。

写真6-5　金澤さんがスライドで説明している

秋に木の実が豊作だと２月に出産、不作だと出産をとりやめる。

捕獲されたクマの８割が10才以下。警戒心が弱い若年個体がよく捕まる。一回捕まって放たれ、また捕まる個体は全体の１割くらい。

昔は里山に人がよく入ったので、クマは奥山にいた。近年は人が里山に入らなくなったので、里山に出てきた。里山は柿など食物の豊富なところだ。

なんと、この日“捕れたてのほやほや”のクマを学校に持ってこられた。ドラム缶の中から手がのぞいていた。このクマは授業後、奥山に放たれた。

現場観察から発見した課題

①シカの侵入と増加。そのままにしておくべきか

・かつてこの辺りにはシカが棲息していた。明治の頃銃により大量に捕獲され、今は殆どいない。広島からの侵入、特にメスの侵入により増加の可能性がある。そのままにすべきか、森林被害が起こる前に駆除すべきか

②森の動物増加が及ぼす人間社会への影響

・どんな被害や影響があるのか。また、減少によりどんな影響があるのか

③森林動物をどのよう保護したら良いか

④野生生物の被害をくい止めるには

・クマ　・サル　・イノシシ

⑤森林の生態系ピラミッドはどうなっているか。鳥、魚も含めて考えてみる

(5) エネルギーの自給社会を考える

現在、世界の人口は約74億人で今世紀末には100億人近くに達すると予想される。資源の需要が増大する中で世界では小麦不足に端を発した暴動なども起きており、日本でも資源・エネルギー、食料が十分に供給される保証はない。日本のエネルギー自給率は6%となっている。もしも海外からの輸入が途絶えると電気、ガスは途絶え、車もパソコンも使えない事態となってしまう。米づくりも機械でおこなうので、石油がなくなれば米づくりもできない。これでは持続不可能な社会となってしまう。輸入が途絶える、災害が起こるなど緊急事態になってもエネルギーが自給できるような社会をつくることはできないだろうか。

また、エネルギーの自給を考えることは雇用をつくり出し、地域の産業を

促すことにもなる。お金を払ってエネルギーを外から買うのではなく、自給することにより地域内でお金が循環し、豊かな社会をつくることにもつながるのだ。

エネルギーは、国内で生産可能な再生可能エネルギーを現在の2.2%から2030年までに24%程度に引き上げることを目標としている。100%自給できれば言うことはない。果たしてそんなことができるのだろうか？

千葉大学倉阪研究室とNPO法人環境エネルギー政策研究所が作成した『永続地帯2014年度版報告書』を見てみよう。この報告書では、その地域で得られる食料とエネルギーでその地域の食料とエネルギーをまかなうことができるとき、この地域を「永続地帯」と呼んでいる。報告書によると、日本で食料とエネルギーの100%自給を達成している自治体は29ある。北海道から鹿児島まであちこちにあるが、中国地方では岡山県苫田《とまた》郡鏡野《かがみの》町がこの中に入っている。ランキングトップ100では島根県津和野町がエネルギー部門で97位に入っているのみだ。因みに、益田市、津和野町、吉賀町のデータを見ると再生可能エネルギー自給率でそれぞれ15.0%、63.8%、7.6%、食糧自給率でそれぞれ益田市データなし、87.0%、135.4%となっている。食料はまあまあとして、エネルギーの自給率は低いことがわかる。この場合、エネルギーとして考えられているのは電気と熱である。

高津川流域での再生可能エネルギーを考えてみよう。これまでの実績やこれからの可能性として電気では太陽光発電、小水力発電（1万kw以下）、バイオマス発電、風力発電、波力発電が挙げられる。太陽光発電は2012年に電気の固定価格買い取り制度が始まって以来、最も伸びた分野である。

小水力発電はすでに何カ所かあるが、今後可能な場所があるかどうかわからない。バイオマス発電は三隅発電所で一部バイオマスを使っているほか、津和野町でバイオマス発電がこれからスタートするところだ。風力発電は益田市に中国ウインドパワーの風車が一基あるのみである。波力発電は山形県酒田市で試験が始まったばかりでこの地域にはまだない。日本海の冬には荒波があるので期待できるかもしれない。

地方自治体が電気の「地産地消」に乗り出したケースも増えてきた。群馬県中之条町が2013年に始めたのが最初で、このときは学校など大口の需要家が対象だったが、2016年4月から始まる電力自由化に合わせて、福岡県みやま市では一般家庭も参加する地産地消も始める。その全体図を描けば図6-2のようになるだろうか。

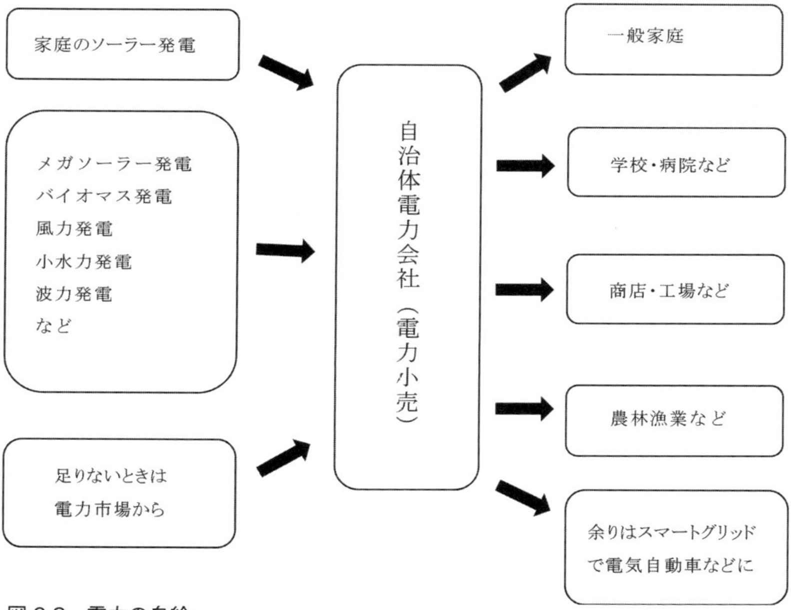

図6-2　電力の自給

熱利用では太陽熱、バイオマスを利用したストーブやボイラーが挙げられる。バイオマスボイラーは暖房や給湯だけではなく、冷房にも利用可能だ。吉賀町のむいかいち温泉「ゆ・ら・ら」、かきのき温泉「はとの湯荘」では、木質チップを利用した温泉施設が現在稼働中である。

〈キーワード〉

「再生可能エネルギー」「自然エネルギー」「バイオマス」「エネルギー自治」「コミュニティーエネルギー」

～現場を見よう
◎案内人：田原哲史氏、齊藤守氏（吉賀町地域振興室）
小水力発電

説明要約

昭和28年（1953年）、農協名義で旧柿木村が建設した。川がU字を描いている場所で、はじめと終わりのところをつなぐトンネルを掘り、川の高低差で発電する。発電力は198kwh。旧柿木村の70％の電力をカバーできる電力。固定価格買い取り制度により1kwh 36.72円で中国電力に売電している。

写真6-6　齊藤さんによる小水力発電の説明

この授業とは別に島根大学・小池浩一郎教授にお願いしてバイオマスエネルギーについて講義をお願いした。公開講座にして町民の参加も呼びかけた。

◎講師：小池浩一郎教授（島根大学生物資源科学部）

吉賀町の9割は森林。島根県の一人あたりの森林面積は全国で5位。バイオマス発電は、固定価格買い取り制度があるので経営が成り立つ。

しかし、この制度は20年。その後どうするのか？ その点、熱給湯の場合、

写真6-7　町民も3名参加し、質問していた

写真6-8　小池先生による説明

初期はともかく、運営に持続的な経営が期待できる。木材の切り出し、運搬、チップボイラーまでの一貫した説明があり、ボイラー導入はまず、病院、学校、福祉施設、公民館、温泉などから始めたらいいとのこと。意外なことに冷房として使うことも可。電気の節約になる。

生徒、町民問わず、この事業に関心を持ち、町として取り組めばおもしろいことになるかも。

現場観察から発見した課題・テーマ

①この地域で再生可能エネルギーとしてどんなものがあるか
・小水力　・太陽光　・バイオマス
②森林資源をボイラーの熱源とする利用法
・むいかいち温泉「ゆ・ら・ら」でおこなわれている町内の森林資源をエネルギーとした温泉の他にどのような施設で熱利用が可能か調べる
・林業・自伐林と関連させて全体の構成を考える
③この地域でエネルギーと食料を自給できるようなしくみを考えてみる
④畜産から出る水素ガスなどを利用した自動車社会は可能か

(6) 川魚から考える

高津川の本流にはダムがなく、水もきれいで清流の天然アユなど釣り人にも人気がある。しかし、取水のためにつくられた堰堤や洪水防止のための護岸工事など川の改変工事は他の川と同じで、そのために数百万年を生き残ってきた強者《つわもの》であってもこの先が不安なのだ。いくつかの魚を紹介しながらどのような問題が生じているのか見てみよう。

ゴギは西中国山地にのみ棲息するイワナの仲間である。島根県では希少種に指定している。水温の低いきれいな山の清流に棲んでおり、幻の魚とも言われる。白い斑点が頭のほうにまであることで、他のイワナ類と区別することができる。食べ物には貪欲で水面に落ちてきた昆虫などはもちろんヘビまでも食べるという。渓流のエサの少ないところで生き残るため、そうなったのだろう。

イワナの仲間にはゴギの他に、東中国山地から関東にかけてニッコウイワナ、東海地方の太平洋側にヤマトイワナ、東北から北海道にかけてアメマスの３種類がいる。イワナはサケの仲間である。ニッコウイワナは一部について、アメマスは多くが海に下って成長する。ところがゴギとヤマトイワナは海に下ることをやめてしまった。これを陸封型という。なぜか。ゴギやヤマトイワナは他のイワナ類と比べて南のエサの豊富なところに棲んでいるからだと考えられている。エサの豊富な海に下って成長する必要がないというわけだ。

ところが、こんな話がある。高津川中流地点の日原の横道川に「カイオ」と呼ばれる伝説の魚がいるというのだ。海から上ってくる魚でゴギに似ていたという。ゴギはまだ海に下る性質を残しているだろうか。実験してみるとおもしろい。まず、ゴギを海水に徐々に慣らしてゆく。生きていれば、さらに長期の飼育をする。とりあえずこのあたりまで。

ヤマメは上流域に棲む魚でパーマークと呼ばれる側面の帯がよく目立つ。よく似た魚のアマゴは体に赤い斑点があり、ヤマメと区別することができる。アマゴはもともと高津川には棲息していなかった。人の手により瀬戸内海側の川から持ち込まれたのであろう。高津川にとっては外来種と言える。

ヤマメはすべての個体が川で一生を終えるわけではない。一部はサケのように川を下り海で成長する。普通、海に下るのは多くがメスである。それはオスのほうが早く成熟し、遅れたメスはエサ不足となってしまうからだ。サケ類が海に下るのも同じような理由からである。サクラマスは海で２年くらい成長した後、３月頃から川を上り始める。しばらく川で生活し、秋に産卵する。当然のことながら堰堤は障害となる。魚道もあるが、果たして魚に入口がわかるだろうか。

サケも北九州あたりまで遡上するようなので、高津川でも上ってくる。ただし、サケの回帰率は北海道で5%くらいなのに対し、西日本では1%以下らしい。近年ではサケの稚魚をあまりにも放流しすぎて、上ってくるサケが小型化しているという。海域でサケの数が多すぎて十分なエサが捕れないのだ。

アユカケは中流域・下流域に棲む魚である。エラの後ろ側にとがった部分があり、これでアユを引っかけて食べるという話からこの名が付いた。島根県では希少種に指定されている。アユカケは秋になると産卵のために海に下る。海でかえった稚魚は川を上ってくるが、小さな堰堤でも越えられず、上流に行くことができない。

高津川では自慢できるような話もある。イシドジョウは上流の砂や小石の清流に棲む、島根県の希少種である。益田高校の生物調査がもとで1970年に新種として登録された。名前には人の名前などが付くがCobitis takatsuensis《タカツエンシス》と高津川の名前が使われた。同じくイシドンコは2002年に新種として登録されOdontobutis hikimius《ヒキミウス》と匹見の名が付いた。これも島根県の希少種である。

カワムツとオイカワはどちらもコイ科の魚である。カワムツは日陰になるような川の淵を好み、オイカワは日の当たる川の瀬を好む。書籍には、河川工事によって瀬がだらだらと続く単調な川になったせいでオイカワが増え、カワムツが減ったと書かれている。高津川にはもともとオイカワはいなかったが、琵琶湖のアユを放流したとき紛れ込んだと言われている。高津川では、書籍に書いてあるのとは逆にオイカワが少なくカワムツが多いように思われる。どうなっているのだろう。

魚ではないが、オオサンショウウオも生息環境が危うい。テトラポットなどは隠れ場所を提供しているようだが、堰堤、護岸工事、川の直線化は移動を困難にしている。

国外の外来魚ではブラックバスが報告されている。さほど問題となっていないように思えるのは、ブラックバスが棲みづらいせいなのか？ よく調べていないだけなのか？ 県外から来た外来魚ではオイカワ、アマゴ、ムギツクなどがいる。ムギツクは希少種オヤニラミに托卵することで知られている。オヤニラミにどんな影響を与えているだろう。

農業への取水によって夏場には水量が不足し、魚の生息環境が脅かされている。柿木には小水力発電所があるが、取水口から放水口までの区間で水量が減少することになる。

〈キーワード〉

「高津川流域専用さかな図鑑」「萩魚図鑑」

〜現場を見よう
「がさがさ」(川のさかな調査)
　案内人：吉中力氏（高津川清流フォーラム、朝倉在住）「漁酔」のペンネームを持つ。

説明要約
採集したイシドンコ、カワヨシノボリ、ヌマエビ、ムギツク、カワムツ、カワニナ、ヤマメ、オヤニラミ、アユ（観察のみ）などについて解説があった。
NPO アンダンテ 21（益田市）が作製したネット図鑑「高津川流域専用さかな図鑑」で種類を調べた。吉中さんは「都会に出ても高津川の自然を忘れないでほしい。そして、サクラマスのようにまたいつか帰ってきてほしい」という言葉で締めくくった。

写真 6-9　吉中さんによる説明

写真 6-10　ネット図鑑で魚を調べる

〜現場を見よう
　魚の産卵場づくり
　ドンコ、オイカワ、ヤマメなどの産卵床のつくり方が水産庁のホームページに載っている。授業ではドンコの産卵床をつくってみた。しばらくして川に行き、生徒が石の下に手を突っ込むとドンコに手を咬まれた。

現場観察から発見した課題・テーマ

①川と家庭排水の関係を調べる

・高津川の水質を見ると、上流の旧六日市町では汚れており、旧七日市の高尻川、福川川が流れ込むあたりからきれいになる。旧六日市地域の家庭排水についてBOD、COD、窒素、リンなどについて簡易測定をする。他地域との比較も

②きれいな場所に棲む生物と汚れた場所に棲む生物の違いについて調べる

・水生昆虫の違いについて

・魚類の違いについて

・植物の違いについて

③有機農業の盛んな福川川流域と農薬の使用が普通の高津川とで生物相の違いについて調べる

④ヤマメ、ゴギの養殖

・宮崎県ではヤマメを一時的に海水で育て、サクラマスにする漁業組合がある。高津川ではできないか。また、ゴギは陸封型であるが、降海性の性質をまだ持っているのだろうか

⑤カワウソ再導入は可能か

・かつて高津川にカワウソがいた。高知県・愛媛県に生き残っていたカワウソも最近絶滅したと思われることから、日本ではカワウソが絶滅したことになる。人口減少の過疎地ならカワウソの生存は可能との声もある。果たして、高津川に再導入は可能かどうか検討してみる

⑥オイカワ、ドンコ、ヤマメの産卵床はどんなものがよいか。その他の魚類（ドジョウ、ハゼなど）についても検討する

(7) 有機農業から考える

日本では戦後、食料増産のために化学肥料・殺虫剤・殺菌剤・除草剤が大量に使用されるようになった。強力な殺虫剤は害虫を殺すのみでなく農作業中の人の死亡事故なども引き起こした。さらに殺虫剤に抵抗性を持つ害虫の出現によって薬が効かなくなったり、クモなどの益虫を死滅させたり、川に棲む生物を減少させるなど、いわゆる生物多様性を減少させる事態があちら

こちらで生じた。このような環境が続いたのでコウノトリのような貴重な生物も絶滅したのである。消費者の間にも、農薬を多量に使用して出来た農産物は安全なのかという不安が高まってきた。この頃から注目され始めたのが、有機農業である。

有機農業は、1930年代に福岡正信《まさのぶ》氏により始められた自然農法が起源である。福岡正信氏はもともと農業試験場の技術者であったが、肺炎を患ったことから仏教の「無」を悟り、一切手をかけない農法として自然農法（無肥料・無除草・無農薬・不耕起）を実践したという。化学農薬や化学肥料を批判して始めた農法というわけではなかったのである。しかし、化学肥料や農薬を大量に使用する近代農法の対極にある農法として農業関係者、消費者から注目され実践された。この自然農法を起源とし、ここから発展したものとして不耕起農法、天然農法、アイガモ農法、有機農法など様々なものがある。

成立の経緯からわかるように、有機農法は基本的に化学肥料・農薬は使用しない。化学肥料の代わりに鶏糞・牛糞などの堆肥を使い、害虫の発生には木酢《もくさく》液などを使うが、理想的な方法は堆肥も少量しか入れず、害虫や病気のつかない丈夫な作物をつくることだと考えられている。田んぼや畑の土の中にある複雑で共生的な微生物のつながりを科学的に把握し、それを保つよう働きかけることで作物もまた最適な状態に育つことができるという。例えば、水田では空中の窒素を取り込んで肥料分を増加させるクローバーを蒔いたり、米ぬかを撒いて雑草の成長を抑えたりするのだが、水田全体の様子を見ながら最適な時期に最適な量を撒かないといけない。時期や量などを間違えると、効果がなかったり逆効果になったりもする。けっこう注意力や観察力などが必要で素人には難しい。

いったい有機農業はどのような点がいいのだろうか。有機農産物はとにかく安全であることは間違いない。化学農薬も昔に比べればずいぶんと安全性が高まってきたが、最近ではネオニコチノイド系殺虫剤（タバコに含まれるニコチンの仲間）がミツバチの大量死を招いているとして問題となっているし、安全であるとして販売されていてものちに環境ホルモンとして人の胎児の発育に影響を及ぼす可能性を指摘されたもの、人の神経系の発達に影響を与えている確かな証拠も出始めており、注意欠如・多動障害など行動上の問題との関係性が指摘されているなど、まだまだ農薬への不安は消えない。

現在、日本の有機農産物量は全農産物の5％でしかない。安全で良いのだが、一般に価格が高い。果たして日本の食料を自給することができるだろうか？ 農学者の西村和雄は「100％自給は可能だ」としている。ただし、日本人が今日のような食生活をやめ、穀物と野菜中心、肉類はたまに食えば良いというならという条件付きだ。一方、米国研究者レガノルドとワヒター（ワシントン州立大）は、これまでの何百もの研究成果を検討して世界の人口を有機農業でまかなうことはできると言っている。価格は上がるかもしれないが、たとえ上がってもそれは環境を維持するためであり、その費用を消費者に払ってもらうことは正当化されるだろうと。

〈キーワード〉

「有機農業」「アイガモ農法」「不耕起栽培」「Organic farming」

～現場を見よう

アイガモ農法の話と案内をお願いした人：河野通昭氏（吉賀町柿木村）

説明要約

写真 6-11　アイガモのヒナ

アイガモとはアヒルとマガモまたはアヒルとカルガモをかけ合わせたもの。ふ化したばかりのヒナを1匹500円で九州から購入し、10a（1反）当たり10～15羽放す。稲の苗が小さいとヒナが足でかき回すので倒れてしまう。入れ時に注意が必要だ。ヒナに期待しているのは除草なのだが、草なら何でも食うわけではないらしい。強敵ヒエなど稲科雑草は食べないとのこと。その代わり水田内を走り回ることで雑草の苗が水に浮き上がってしまい枯れるのだ。従って、水田内に陸地が出来ないよう平らにしておく必要がある。稲の穂が出るとそれも食べてしまうので、夏の終わりから秋の入口には水田から出さないといけない。

雑草の他に昆虫も食べるので害虫防除にもなるが、クモなど益虫も食べてしまう。このためアイガモのいる田んぼには生物の気配がない。生物多様性という点では問題があるかもしれない。

さらにカモの糞はそのまま肥やしとなり肥料が要らない。ただし、糞が多すぎると窒素過剰となり食味が落ちる原因になるので、カモの数をどれくらいにするかが重要となる。

こうして、除草、害虫防除、追肥と良いことずくめなのだが、管理は結構大変である。田んぼの草だけでは不足するので、米クズなどのエサをやらないといけないし、キツネ、トビ、カラス、テン、イタチなど外敵が狙っているので柵が必要である。卵からかえってすぐのヒナは「刷り込み」で慣れるが時機を逸すると慣れなくなってしまい、あとの扱いが大変となる。田んぼから出した後のカモをどうするかも考えないといけない。本当は肉として出荷したらいいのだが、食肉処理をするところが意外とないのだ。

現場観察から発見した課題・テーマ

①有機農業の盛んな福川川流域と、農薬の使用が普通の高津川とで生物相の違いについて調べる
②田んぼの生物調査
③農薬が人体にどのように作用するか文献調査する。過去の事故事例について調べる
④有機農業で米の味は変わるのか調べる
⑤有機田と農薬田の生物の違いを調べる
⑥農薬散布野菜と有機野菜の色や味、大きさなどの違い
⑦有機農産物の販路を拡大するには
⑧農薬が川の生物に及ぼす影響について調べる
⑨農薬が海の生物に及ぼす影響について調べる
⑩有機農業で地域自給するには何をどれだけつくればよいか（吉賀町内で考える）スーパーの販売実績から推測する
⑪地産地消でお金が地域に回る。農産物はどのように地域に回せばよいか
⑫森林から田んぼに入る無機栄養素はどれくらいか

⑬田んぼから流出する有機物量・無機物量はどれくらいか
⑭田・畑とその周りの生態系はどんな関係になっているか。益虫の繁殖場所
⑮水田からどんな廃棄物（プラスチックなど）が出ているか

(8) ハマグリから考える

日本の漁業は遠洋、沖合、沿岸漁業の３つからなるが、このうち沖合、沿岸漁業で全体の約７割の漁獲量があるので、この２つが漁業の中心と言える。

益田の魚市場に上がってくるのはブリ、イワシ、イカ、アワビ、ワカメなどだ。特に島根県の天然ブリ生産量は毎年１位、２位を争っているほどである。その他、サワラ、マダイ、ヒラマサ、サザエ、ハマグリなども水産資源として重要である。

高津川を流れ下った水は、沿岸の漁業や生物相に様々な影響を与えているであろう。まず栄養塩類から見てゆこう。森林から流れ出た窒素やリンは途中で水田・畑、生活排水から出てくる窒素やリンと混ざって海に下る。沿岸域では植物プランクトンや海藻類がこれを利用する。プランクトンや海藻は貝や魚のエサとなってゆく。一方で森林には多量の窒素酸化物が降り注ぎ、水田にも多量の肥料が散布されるので、海には過剰な窒素やリンが流れ込むことになる。これは赤潮の原因となる。

２つ目に海には川から有機物が流れてくる。植物の葉や動物の分解物、それに家庭からの食物ゴミもある。細かくなった浮遊物はハマグリなどの二枚貝や巻き貝、ゴカイなどのエサとなるだろう。ただし、これも過剰となれば水底に酸欠状態をもたらし、かえって生息環境を悪化させる。近年の研究によると、河口上流部の貝類は川から流れてきた有機物を利用するが、河口下流部から海にかけて生きている貝類は海起源の有機物を利用しているという。益田沿岸の貝はどちらを利用しているのだろうか？

３つ目に有害物質がある。特に水田・畑で使用される農薬に注意が必要である。高津川流域で売られている殺虫剤の中には環境ホルモンとして働き、巻き貝、魚のメス化をもたらす可能性がある。殺虫剤は主に神経に作用するのだが、水生生物の神経や行動にどんな影響を与えているのだろうか？ 除

草剤は海藻にも作用するだろうし、殺菌剤は海水中の分解細菌にも働くだろう。日本は中国、韓国に次いで3番目の農薬使用大国である。さらに、食物連鎖によって農薬類は魚に濃縮され、人々の口に入ることになる。このような形で海から陸に帰ってくるのだ。

4つ目に流出土砂の問題がある。この問題は特に大きな問題である。高津川にはダムがないことで知られており、この点で少し安心できるところがある。ところが、上流部の森林の中には多くの砂防ダムがある。昔ワサビ田であったところによく見られる。また、度重なる洪水、崖崩れもあっただろうから、どんどん造ったのだろう。その結果、ダムを造ったのと同じ効果をもたらした。土砂の流出が止まったのである。土砂が海岸部に出てこなくなると何が起こるかと言えば、砂浜の後退である。砂浜の減少は貝類やゴカイなどの生息場所を減少させ、水の浄化機能も減少させ、砂浜近くの防潮堤などを崩壊させる。そこで砂浜の後退を防ぐためにT字形の消波堤を造るなど新たな対策がとられた。砂防ダムや堤防などを一部開放して砂の供給をするほうがいいのか、新たな対策工事をするほうがいいのか、どちらであろうか。

熊本県球磨《くま》川では荒瀬《あらせ》ダムを撤去した。下流にもう一つダムがあるので、川の流れが完全に回復したわけではないが、瀬と淵の川が再現し、アユが遡上するようになったという。さらに上流から砂が供給され、ハマグリやマテガイ、希少種のシャミセンガイも帰ってきた。魚の産卵場であるアマモも蘇った。

5番目にプラスチック、ビニール、発泡スチロールなど非分解ゴミである。これらは小さくちぎれ漂流する。小さなプラスチックは有害物質を吸着しやすく、これを魚が食べることで有害物質の濃縮が起こる。

〈キーワード〉

「砂浜」「砂の供給」「栄養塩類」「海の生物生産」「沿岸漁業」「河川と海」

～現場を見よう

授業ではおこなってないので、アンダンテ21（NPO法人）がおこなっている活動を参考として載せておいた。できればこのような活動をおこないたかった。

写真 6-12　ハマグリ調査の説明を聞く中学生ボランティア

写真 6-13　チョウセンハマグリ

写真 6-14　砂の中から稚貝を見つけ出す

ハマグリは海岸の砂地で生育している。砂がないと生きてはいけない。では、砂はどこから来るのか？ 砂は海から来るのではなく山から来るのだ。

治水対策により山の上流部まで砂防ダムが出来ると、砂の流出が止まる。土砂流出が止まるのだから、一見良さそうに見える。ところが、このことが海岸の砂地の減少につながり、ハマグリにとってみると生息域が減少することになる。自然は複雑だ。さて、ハマグリ以外の生物にとっては上流から流れる砂や石はどんな意味を持つだろうか？ アユについては、山から流出する小石が減少しているために産卵できる石がなくなるという事態が起こっている。

3節　課題研究（2年目）

1年目の課題発見学習をもとに、2年目の課題研究をおこなったが1年間だけの実践となった。実際にやってみるとこれはなかなか難しそうだった。まず、1年間で集めた多くの課題・テーマの中から1つ選ぶのに苦労していた。また、課題・テーマの相互関係を検討するメタ分析についても、もともと難しい方法であるが、慣れないせいか方法がよくわからないようだった。

1人の例を紹介すると、彼は「河川工事から考える」の授業から魚道について調べ、まとめた。町内の魚道は階段式とデニール式の魚道であることがわかったとし、資料をもとにして魚は遡上しているようだと判断していた。ここはぜひ実際に観察して調べてほしいところであった。また、構造上の問題点を指摘し、自然石を用いた多自然型魚道を提案していた。

課題研究自体は別に新しいことではないが、課題発見から個別課題の研究へ移るところがスムーズにいかなかったので、この点は何年も実践を重ねることで馴染んでくるのを待つしかない。

課題研究から出てきた提案はそのままにするのではなく、行政に提案し、可能であるものについては予算を付けてもらうことも考えた。形のあるものを残せれば、自分も町に貢献していると実感でき、達成感を感じることもできて町への愛着も湧くであろう。町の関係者に聞いたところ、町の議会は3月に臨時議会があるので、そこで少額の予算を付けてもらうこともできるだろうというアドバイスをいただいた。森の整備、河川敷や堤防の土手の整備、用水路のあり方、先述した魚道の提案など、生徒で考えられることは色々とあるだろうと思う。残念ながら、ここまでは到達しなかった。

参考文献

＊同じ文献を複数の章で参照した時はそれぞれの章に参考文献として載せた。

1章

・イアン・ハッキング（2006）『何が社会的に構成されるのか』岩波書店
・角屋 重樹（2012）「学校における持続可能な発展のための教育（ESD）に関する研究［最終報告書］」国立教育政策研究所
https://nier.repo.nii.ac.jp/index.php?active_action=repository_view_main_item_detail&page_id=13&block_id=21&item_id=459&item_no=1
・ケネス・J・ガーゲン（2004）『あなたへの社会構成主義』ナカニシヤ出版
・「国連持続可能な開発のための教育の10年」関係省庁連絡会議（2006）「我が国における『国連持続可能な開発のための教育の10年』実施計画」文部科学省・環境省
https://www.cas.go.jp/jp/seisaku/kokuren/keikaku.pdf
・滝口素行（2014）『現場から考える環境教育』創風社
・戸田山和久（2005）『科学哲学の冒険』NHKブックス　日本放送出版協会
・日本教育方法学会編（2004）『現代教育方法事典』図書文化社
・原子栄一郎（1998）「持続可能性のための教育論」藤岡貞彦編『〈環境と開発〉の教育学』同時代社
・ジョン・フィエン（2001）『環境のための教育－批判的カリキュラム理論と環境教育』東信堂
・マルクス・ガブリエル（2018）『なぜ世界は存在しないのか』講談社
・溝上慎一（2014）『アクティブラーニングと教授学習パラダイムの転換』東信堂
・文部科学省（2008）『小学校学習指導要領解説　理科編』大日本図書
・Palmer,J.A.（1998）『Environmental education in the 21st century: Theory, practice, progress and promise』Routledg

2章

・伊東多三郎編集（1983）『日本の名著 11　中江藤樹・熊沢蕃山』中央公論社
・五十嵐敬喜・小川明雄（1997）『公共事業をどうするか』岩波新書　岩波書店
・宇沢弘文（2000）『社会的共通資本』岩波新書　岩波書店
・宇野木早苗（2015）『森川海の水系』恒星社厚生閣
・大熊孝（2007）『洪水と治水の河川史－水害の制圧から受容へ－』増補　平凡社
・かこさとし（2004）『暮らしをまもり工事を行ったお坊さんたち－道登・道昭・行基・良弁・重源・空海・空也・一遍・忍性・叡尊・禅海・鞭牛－土木の歴史読本第１巻』瑞雲舎
・河川法令研究会（2007）『よくわかる河川法』改訂版　ぎょうせい
・川那部浩哉・水野信彦監修　中村太士編（2015）『河川生態学』講談社
・京都大学フィールド科学教育研究センター編　向井宏監修（2012）『森と海をむすぶ川』京都大学学術出版会
・京都大学フィールド科学教育研究センター編　山下洋監修（2007）『森里海連環学』京都大学学術出版会
・京都大学フィールド科学教育研究センター編（2004）『森と里と海のつながり』大伸社
・小出博（1975）『利根川と淀川－東日本・西日本の歴史的展開』中公新書　中央公論社
・小松裕（2013）『田中正造－未来を紡ぐ思想人』岩波書店
・後藤晃・塚本勝巳・前川光司編（1994）『川と海を回遊する淡水魚』東海大学出版会
・砂川幸雄（2001）『運（うん）鈍（どん）根（こん）の男　古河市兵衛の生涯』晶文社
・水産庁漁港漁場整理部・林野庁森林整備部・国土交通省河川局（2004）「森・川・海のつながりを重視した豊かな漁場海域環境創出方策検討調査報告書」

http://www.jfa.maff.go.jp/j/gyoko_gyozyo/g_hourei/pdf/sub70a.pdf
・杉本苑子（1962）『孤愁の岸』講談社
・竹林征三（2017）『物語日本の治水史』鹿島出版会
・高橋裕（2006）『民衆のために生きた土木技術者たち』土木人物アーカイブス　土木学会
http://www.jsce.or.jp/contents/avc/aoyama_rireki.shtml
・田中克（2008）『森里海連環学への道』旬報社
・立松和平（1997）『毒　風聞・田中正造』東京書籍
・長崎福三（1998）『システムとしての＜森－川－海＞』農山漁村文化協会
・西川潮・伊藤浩二（2016）『観察する目が変わる水辺の生物学入門』ベレ出版
・日本陸水学会編（2011）『川と湖を見る・知る・探る－陸水学入門－』地人書館
・原田正純（1972）『水俣病』岩波新書
・林竹二（1976）『田中正造の生涯』講談社現代新書　講談社
・平川南編（2012）『環境の日本史１　日本史と環境－人と自然－』吉川弘文館
・藤井聡（2010）『公共事業が日本を救う』文春新書　文藝春秋
・政野淳子（2013）『四大公害病』中公新書　中央公論新社
・宮村忠（1985）『水害－治水と水防の知恵－』中公新書　中央公論社
・宮本憲一（1989）『環境経済学』岩波書店
・室田武（1982）『水土の経済学』紀伊國屋書店
・渡辺尚志（2014）『百姓たちの水資源戦争』（草思社）

３章

・安藤元一（2008）『ニホンカワウソ』東京大学出版会
・石川徹也（2001）『日本の自然保護』平凡社新書　平凡社
・宇沢弘文・関良基編（2015）『社会的共通資本としての森』東京大学出版会
・宇野木早苗（2015）『森川海の水系』恒星社厚生閣

・小川眞（2012）『キノコの教え』岩波新書　岩波書店
・太田猛彦（2013）『森林飽和－国土の変貌を考える』NHK 出版
・柿木村誌編纂委員会（1986）『柿木村誌　第 1 巻』柿木村
・勝叉雅史（2012）『Google Maps API プログラミング入門』改訂 2 版　アスキー・メディアワークス
・唐澤太輔（2015）『南方熊楠－日本人の可能性の極限－』中公新書　中央公論新社
・菊沢喜八郎（2005）『森林の生態－新・生態学への招待－』共立出版
・給料 BANK「職業年収ランキング」https://kyuryobank.com/salaryranking
・後藤伸・玉井済夫・中瀬喜陽（2011）『熊楠の森－神島』農山漁村文化協会
・全国林業改良普及協会（2015）『現代林業 6 月号』
・田開貫太郎・中田崇行・九里徳泰（2016）「樹木同定学習アプリの開発と評価」『環境教育』Vol26、No 1：P70-77
・タットマン（1998）『日本人はどのように森をつくってきたのか』築地書館
・田中幾太郎（1995）『いのちの森－西中国山地－』光陽出版社
・田中淳夫（2014）『森と日本人の 1500 年』平凡社新書　平凡社
・塚本学（2013）『生類をめぐる政治』講談社学術文庫　講談社
・日本生態学会（2004）『生態学入門』東京化学同人
・沼田眞・岩瀬徹（2002）『図説日本の植生』講談社学術文庫　講談社
・農文協編（2017）『小さい林業で稼ぐコツ』農山漁村文化協会
・福嶋司（2017）『図説日本の植生』朝倉書店
・丸山直樹編（2014）『オオカミが日本を救う！』白水社
・松永勝彦（2010）『森が消えれば海も死ぬ』講談社ブルーバックス　講談社
・宮下直・野田隆史（2003）『群集生態学』東京大学出版会
・宮脇昭（2010）『三本の植樹から森は生まれる』祥伝社
・藻谷浩介（2013）『里山資本主義』角川 one テーマ 21　角川書店
・安田喜憲（1995）『森と文明の物語－環境考古学は語る』ちくま新書　筑摩書房
・山田祥寛（2010）『Java Script 本格入門』技術評論社
・吉賀町文化財審議会（2015）『吉賀記を読む～歴史が語る～』吉賀町教育

委員会
・矢口史靖監督（2014）『WOOD JOB！～神去なあなあ日常～』東宝
・林野庁「平成 28 年度 森林・林業白書」
http://www.rinya.maff.go.jp/j/kikaku/hakusyo/28hakusyo/index.html
・渡辺尚志（2017）『江戸・明治百姓たちの山争い裁判』草思社
・渡辺尚志（2012）『百姓たちの幕末維新』草思社

4 章

・植村振作・河村宏・辻万千子（2006）『農薬毒性の事典』第 3 版　三省堂
・内山りゅう（2013）『田んぼの生き物図鑑』山と渓谷社
・梅田孝（2016）『身近なヤゴの見分け方 平地で見られる主なヤゴの図鑑』Kindle 版　世界文化社
・岡田幹治（2013）『ミツバチ大量死は警告する』集英社新書　集英社
・小田切徳美（2013）『農山村再生に挑む』岩波書店
・刈田敏三（2011）『身近な水生生物観察ガイド』文一総合出版
・環境省水・大気環境局、国土交通省水管理・国土保全局編「川の生きものを調べよう－水生生物による水質判定－」
http://www.mlit.go.jp/river/shishin_guideline/suisituhantei/text.pdf
・国立環境研究所「メソコズムを用いた生態系に対する農薬リスク評価マニュアル ver.1.0」
http://www.env.go.jp/water/dojo/noyaku/ecol_risk/sisui_manual.pdf
・松永勝彦（2010）『森が消えれば海も死ぬ』講談社ブルーバックス　講談社
・川那部浩哉・水野信彦・細谷和海編・監修『山渓カラー名鑑 日本の淡水魚』山と渓谷社
・給料 BANK「職業年収ランキング」https://kyuryobank.com/salaryranking
・窪田新之助（2015）『GDP4％の日本農業は自動車産業を超える』講談社＋α新書　講談社
・黒田洋一郎、木村・黒田純子（2014）『発達障害の原因と発症メカニズム－脳神経科学からみた予防、治療・療育の可能性』河出書房新社
・黒野伸一（2011）『限界集落株式会社』小学館

・シオドーラ・クローバー（1991）『イシ－北米最後の野生インディアン』岩波書店
・生源寺眞一（2011）『日本農業の真実』ちくま新書　筑摩書房
・水産庁「＜人工産卵床について＞」「田んぼを使って川や湖の魚を増やそう！」http://www.jfa.maff.go.jp/j/enoki/naisuimeninfo.html
・竹林征三（2017）『物語日本の治水史』鹿島出版会
・武井弘一（2015）『江戸日本の転換点－水田の激増は何をもたらしたか』NHK 出版
・武内和彦・鷲谷いづみ・恒川篤史（2001）『里山の環境学』東京大学出版会
・田中康弘（2017）「シシは俺たちに任せろ！」『狩猟生活 Vol 2』地球丸
・ダニエル・E・リーバーマン（2017）『人体 600 万年史 上・下』早川書房
・地域環境資源センター・水谷正一監修（2012）『生きものを育む田園自然の再生』農山漁村文化協会
・著者未詳（1979）『日本農書全集 第 16 巻、第 17 巻　百姓伝記』農山漁村文化協会
・土屋又三郎原著　清水隆久解説・解題（1983）『日本農書全集 第 26 巻 農業図絵』農山漁村文化協会
・西川潮・伊藤浩二（2016）『観察する目が変わる水辺の生物学入門』ベレ出版
・西田栄喜（2016）『小さい農業で稼ぐコツ』農山漁村文化協会
・日本植物防疫協会（2008）『病害虫と雑草による農作物の損失』
・日本植物防疫協会（2014）『農薬概説』
・沼田眞・岩瀬徹（2002）『図説日本の植生』講談社学術文庫　講談社
・農林水産省農林水産技術会議事務局・農業環境技術研究所・農業生物資源研究所「農業に有用な生物多様性の指標生物調査・評価マニュアル」
http://www.naro.affrc.go.jp/archive/niaes/techdoc/shihyo/
・農林水産省「わがマチ・わがムラ－市町村の姿－」
http://www.machimura.maff.go.jp/machi/index.html
・兵庫県森林動物研究センター（2008）「イヌを活用した獣害対策のために」

http://www.wmi-hyogo.jp/class/pdf/dog_introduction.pdf
・フレッド・ピアス（2016）『外来種は本当に悪者か？－新しい野生 THE NEW WILD』（草思社）
・福岡正信（1983）『自然農法　わら一本の革命』春秋社
・福嶋司（2017）『図説日本の植生』朝倉書店
・本間俊朗（1990）『日本の人口増加の歴史－水田開発と河川の関連－』山海堂
・松井正文（2002）『カエル－水辺の隣人』中公新書　中央公論新社
・宮村忠（1985）『水害－治水と水防の知恵－』中公新書　中央公論社
・守山弘（1997）『水田を守るとはどういうことか』農山漁村文化協会
・鷲谷いづみ（2004）『自然再生』中公新書　中央公論新社
・鷲谷いづみ編（2006）『地域と環境が蘇る水田再生』家の光協会

5章

・宇沢弘文（2000）『社会的共通資本』岩波新書　岩波書店
・尾田正『児島湾の漁場環境－河川の恵み』デジタル岡山大百科
http://digioka.libnet.pref.okayama.jp/mmhp/kyodo/kento/MediaKoboKoza/H19/sizennomegumi-kojimawan/gyozyoukankyou.html
・加瀬和俊（2014）『3時間でわかる漁業権』筑波書房
・加藤秀弘・中村玄（2018）『クジラ・イルカの疑問 50』成山堂書店
・河井智康（1994）『日本の漁業』岩波新書　岩波書店
・金田禎之（2016）『新編漁業法のここが知りたい』2訂増補版　成山堂書店
・勝川俊雄（2016）『魚が食べられなくなる日』小学館新書　小学館
・神谷充伸監修（2012）『ネイチャーウォッチングガイドブック　海藻』誠文堂新光社
・神奈川県「キャベツでムラサキウニを育てる!!」
www.pref.kanagawa.jp/docs/mx7/documents/874756.docx
・川名英之（1987）『ドキュメント日本の公害　第1巻　公害の激化』緑風出版
・岸田弘之（2011）「海岸管理の変遷から捉えた新しい海岸制度の実践と方

向性」国総研資料第619号　国土交通省国土技術政策総合研究所
http://www.nilim.go.jp/lab/bcg/siryou/tnn/tnn0619.htm
・京都大学フィールド科学教育研究センター編（2012）『森と海をむすぶ川』京都大学学術出版会
・金萬智男・三好かやの（2016）『私、海の漁師になりました。』誠文堂新光社　電子書籍版
・給料BANK「職業年収ランキング」https://kyuryobank.com/salaryranking
・黒田洋一郎、木村・黒田純子（2014）『発達障害の原因と発症メカニズム－脳神経科学からみた予防、治療・療育の可能性』河出書房新社
・児島湖21県民の会（1991）『よみがえれ児島湖』山陽新聞社
・小松正之（2007）『これから食えなくなる魚』幻冬舎新書　幻冬舎
・小松正之監修（2015）『漁師と水産業』実業之日本社
・佐々木芽生（2017）『おクジラさま』集英社
・佐野雅昭（2015）『日本人が知らない漁業の大問題』新潮新書　新潮社
・ダーウイン（1967）『世界の名著39　ダーウイン』中央公論社
・伊達善夫（2011）『宍道湖・中海の干拓淡水化事業を振り返って－淡水化が中止になったいきさつ－』ハーベスト出版
・長崎県総合水産試験場「魚の海藻に対する好き嫌い　漁連だより2003.2 No.94」http://www.nsgyoren.jf-net.ne.jp/pub_magazine/pdf/200302/p005.pdf
・日本海洋学会『海を学ぼう』編集委員会（2003）『海を学ぼう－身近な実験と観察－』東北大学出版会
・日本藻類学会（2016）『海藻の疑問50』成山堂書店
・伴野準一（2015）『イルカ漁は残酷か』平凡社新書　平凡社
・保母武彦（2001）『公共事業をどう変えるか』岩波書店
・益田市誌編纂委員会（1975-1978）『益田市誌上・下』益田市
・松本健一（2009）『海岸線の歴史』ミシマ社
・宮本憲一（2014）『戦後日本公害史論』岩波書店
・山口徹（2007）『沿岸漁業の歴史』成山堂書店
・ルイ・シホヨス　『ザ・コーヴ』DVD　メダリオンメディア

6章

・NPO法人アンダンテ21『高津川流域専用さかな図鑑』
https://takatsugawa-zukan.appspot.com/home.html

・千葉大学倉阪研究室＋永続地帯研究会（2015）『永続地帯2014年度版報告書』https://www.isep.or.jp/archives/library/7426

おわりに

原稿を書き終えてから、本書で取り上げた事項に関連していくつかの展開があった。日本が国際捕鯨委員会から脱退した。今後は排他的経済水域内でクジラを捕るという。排他的経済水域内にいったい何頭のクジラがいるのだろう。スーパーで見るとクジラの値段は高い。果たしてやっていけるのだろうか。70 年ぶりに漁業法の改正が行われるようだ。企業参入を促すよう漁業権を変えるという。漁協が海・川という社会的共通資本の保護や資源保護の担い手になっていると見れば変えないほうがいいし、漁業権が漁協の既得権益になって有害だということになれば変えたほうがいい。さて、どちらだろう。海鳥の死骸にプラスチックゴミの塊がある写真が報道された。みな飲み込んだものだ。

社会的共通資本について考えさせる本もあった。堤未果氏の『日本が売られる』（幻冬舎新書）は日本の社会的共通資本が切り売りされていることに警鐘を鳴らしたものだ。一方で、八代尚宏氏は『新自由主義の復権』（中公新書）、『規制改革で何が変わるのか』（ちくま新書）で規制改革の必要性を唱える。本書で取り上げた話題は「今」ものであるとつくづく感じる。

森里海の環境教育では授業以外でも展開があった。第 17 回全国高校生自然環境サミットを吉賀高校で実施し私も運営に関わった。北海道から沖縄までの 14 校の生徒が集い、自然体験活動、ワークショップ、交流などをおこなったのだが、この活動は生徒が主体となって運営するところがポイントとなっている。町に 70 名弱の宿泊地がなく、布団はどうするのか、食事はどうするのかと気をもんだが、役場や保護者、地域の人、NPO などが協力してくれたおかげでなんとか終わることができた。因みに、サミット指導委員会では 3 月末に「全国高校生環境学習成果発表会」（P217）を実施し、生徒の学習成果や活動成果の発表と情報交換を行っている。

町で環境省のワークショップもおこなわれた。省の「つなげよう、支えよう森里川海プロジェクト」の一環として、『森里川海大好き！』（小中学生向き）を作製するので、参考資料収集のためにおこなわれた高校生を対象にし

全国高校生環境学習成果発表会 2019春

参加無料
参観者募集

開催趣旨

（1）情報交換の場
全国の環境学習に取り組む高校生等が一堂に集まり、日頃の学習成果や活動成果を発表し、発表者も参加者も広く情報交換の場とします。

（2）情報発信の場
幅広く参加者の皆さんに対して環境系に特化した高校や活動があるということ、環境学習に積極的に取り組む高校生等がいるということを知っていただく場とします。

（3）進学相談の場
環境学習に取り組む高校の中にはホームステイ制度や寮制度を備え、全国から生徒を受け入れる高校があります。そのため、希望者に対しては進学相談会を行います。

＊発表内容例：授業（課題研究など）や課外活動（部活動、委員会活動など）、クラスや学校全体での取り組み、地域と連携した活動など幅広く「環境」に関連した活動や研究の成果発表や報告

日時：平成31年3月24日（日）13:30～16:00

会場：国立オリンピック記念青少年総合センター
センター棟　１０２号室

＊住所：東京都渋谷区代々木神園町３－１
＊交通：小田急線 参宮橋駅より徒歩10分（右図参照）

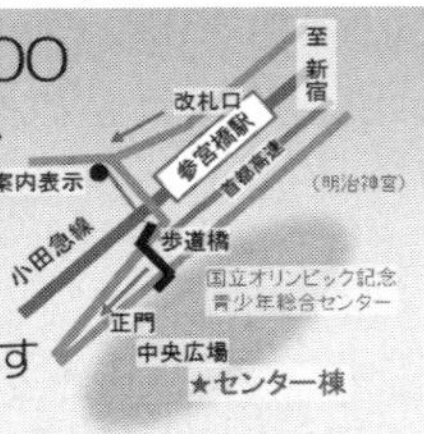

問合せ：参加申込み、詳細などについては以下までお願いします
（なるべくE-MAILにてお問い合わせください）

主催：全国高校生自然環境サミット指導委員会（事務局：群馬県立尾瀬高等学校）

住所：〒378-0301　群馬県沼田市利根町平川1406　MAIL：oze-hs01@edu-g.gsn.ed.jp　FAX：0278-56-3720　TEL：0278-56-2310

たワークショップだった。このワークショップはNPO法人「日本に健全な森をつくり直す委員会」の天野礼子事務局長が仲介され、環境省の他に編集委員会委員の養老孟司氏（東京大学名誉教授）、内山節氏（元立教大学教授）、小林朋道氏（鳥取環境大学教授）、竹内典之氏（京都大学名誉教授）、田中克氏（京都大学名誉教授）、辻英之氏（NPO法人グリーンウッド自然体験教育センター）とそうそうたるメンバーの参加のもとにおこなわれた。高校生は吉賀高校と津和野高校から参加した。田舎の学校に外からの風が吹き、生徒たちにとってはきっと良い経験になったはずである。

私は高校教員なので高校にしか目が向かないが、中学校でも小学校でも川を中心とした環境活動がおこなわれている。このうち、吉賀町立六日市中学（当時）の河野洋司校長は「環境教育小中一貫」カリキュラムの他、「保・小・中・高を通した環境教育」とかなり広い視野でのカリキュラムを作成しておられた。興味を引くのは各段階で起業や提案、政策提言など積極的に社会と関わる内容が含まれていることである。環境を守っても人がいなくなっては元も子もない、と私と同じことを考えられたのだと思う。

錦織良成監督の映画『高津川』がもうすぐ公開されるようだ。全国の中でも光の当たらない島根、その島根の中でもさらに光の当たらない石見地域にやっと一条の光が当たった感じだ。なにしろ、ここは「過疎」という言葉を生み出した地域なのだから。

最後に、田中正造の有名な言葉で終わりにしたい。

“真の文明は
山を荒らさず、
川を荒らさず、
村を破らず、
人を殺さざるべし”
を少し変えさせてもらって、
“真の文明は
山を荒らさず、
川を荒らさず、

里を荒らさず、
海を荒らさざるべし”

滝口　素行

滝口　素行（たきぐち　もとゆき）

1958年、島根県生まれ。広島大学理学部卒業。名古屋大学大学院農学研究科修了（修士）。東京学芸大学大学院教育学研究科修了（修士）。
元島根県公立学校教員。現在、高校非常勤講師。

〒699-5515　島根県鹿足郡吉賀町幸地219
E-mail :mtyk58tk@sun-net.jp

森・里・海の環境教育

2019年6月9日　第1刷発行

著　者　滝口素行
発行人　大杉　剛
発行所　株式会社 風詠社
〒553-0001 大阪市福島区海老江5-2-2
大拓ビル5 - 7階
TEL 06（6136）8657　http://fueisha.com/
発売元　株式会社 星雲社
〒112-0005 東京都文京区水道1-3-30
TEL 03（3868）3275
装幀　2DAY
印刷・製本　シナノ印刷株式会社

ISBN978-4-434-26033-9 C0040